인조이 **칭다오**

인조이 칭다오

지은이 정태관 · 전현진
펴낸이 임상진
펴낸곳 (주)넥서스

초판 1쇄 발행 2017년 5월 5일
2판 5쇄 발행 2018년 7월 15일

3판 1쇄 인쇄 2020년 1월 15일
3판 1쇄 발행 2020년 1월 20일

출판신고 1992년 4월 3일 제311-2002-2호
10880 경기도 파주시 지목로 5
Tel (02)330-5500 Fax (02)330-5555

ISBN 979-11-6165-883-4 13980

www.nexusbook.com

여행을 즐기는 가장 빠른 방법

ENJOY
TRAVEL

인조이
칭다오
QINGDAO

정태관 · 전현진 지음

넥서스BOOKS

중국어를 할 줄 모른다.

중국어로 고맙다, 미안하다라는 말만 하면서 중국 여행 가이드북을 준비하는 것이 우스워 보일 수도 있다. 하지만 전 세계에서 가장 유명한 여행 가이드북인 론리 플래닛의 시작을 생각해 보자. 영국인 부부가 태국을 거쳐 호주에 도착했을 때 돈을 벌기 위해 태국 여행 경험을 정리한 것이 현대적인 가이드북의 시작이었다. 그들 역시 태국어를 할 줄 모르면서도 태국 가이드북을 쓴 것이다. 중국어를 할 줄 알았다면 더 좋은 책이 될 수도 있었겠지만, 중국어를 모르기 때문에 더 좋은 책이 되었을 수도 있다. 취재하면서 대부분의 독자들이 중국어를 못한다는 가정 아래 궁금한 점들을 잘 담아내기 위해 보다 꼼꼼히 확인했다. 중국어를 못해도 여행하는 데 문제가 되진 않는다.

중국은 빠르게 변하고 있다.

누구나 아는 이야기지만 마지막 취재를 하면서 너무 놀랐기 때문에 이야기한다. 처음 칭다오 여행을 한 것은 2004년이었다. 칭다오 시내도 많이 바뀌기는 했지만 타이산泰山을 오르기 위해 타이안泰安에 가서 크게 놀랐다. 2004년 타이산을 오르기 위해 방문했을 때는 10시간이 넘게 걸렸는데, 이번에는 고속 열차로 불과 3시간 10분 만에 갈 수 있었다. 뿐만 아니라 예전에는 타이산 외에는 아무것도 없던 작은 마을에 고층 빌딩이 즐비하고, 계속해서 건물을 짓고 있었다. 칭다오 시내도 마찬가지다. 그리고 2018년 3월 타이동 야시장에서는 부화 직전의 삶은 계란을 먹는 젊은 여성들이 길거리 포장마차에서 지폐가 아닌 스마트폰 QR 코드로 결제하는 것을 보았다. 중국은 전통 그대로의 모습을 간직하면서도 동시에 시대의 변화에 적응하고 있는 것이다.

작은 일탈을 즐겨 보자.

남자 화장실 소변기에 '앞으로 작은 한걸음, 문명으로 큰 한걸음向前一小步文明一大步'이라는 문구가 쓰여진 곳이 많다. 전 세계적으로 명품 브랜드 판매가 가장 많은 나라이지만, 아직도 많은 사람들이 길거리, 음식점, 심지어는 고속 열차에서도 담배를 피운다. 도로에서는 경적이 끊이지 않고, 신호등이 무안할 정도로 무단 횡단이 많다. 하지만 이 또한 이들의 문화이고, 여행자의 입장에서 이를 보고 인상을 쓸 필요는 없다. 대부분의 음식점 내 흡연이 금지된 우리나라와 달리 음식점에서 칭다오 맥주를 마시며 담배를 피우는 작은 일탈은 가능하지만, 성매매나 마약 등은 절대 가까이하지 않기를 바란다. 범죄 행위에 관용이 없는 공산 국가이다.

양꼬치와 칭다오는 정말 유명할까?

2008년 베이징 올림픽을 전후로 환경 및 도시 미관을 이유로 단속이 심해져 길거리에서 양꼬치를 파는 노점들이 많이 줄었다. 최근 다시 모습을 보이기는 하지만, 칭다오 맥주와 궁합이 좋은 안주는 따로 있다. 현지인들은 칭다오 맥주와 바지락 요리를 먹는 것을 추천한다. 물론 주당이라면 양꼬치든 바지락이든 안주가 크게 상관없겠지만 칭다오의 대표 요리가 바지락인 것만은 기억하자. 또 하나 이야기하자면, 우리나라 여행자들의 여행 후기에 딘타이펑이 유난히 많은데 우리나라에 비해 크게 저렴하지 않다. 대만식 소룡포보다는 칭다오의 교자를 먹어 보자. 교자 중에서도 삼선 교자를 추천한다.

패스트푸드는 비싸다.

맥도날드, KFC, 버거킹, 스타벅스 등 우리나라에도 있는 패스트푸드는 환율이 150위안 이하로 내려가지 않는 한 우리나라보다 비싸다. 스타벅스는 커피가 아닌 문화를 팔기 때문에 어쩔 수 없다 치더라도, 햄버거를 먹을 바에는 우리나라에서 컵라면을 사 와서 먹는 게 낫다. 현지 마트나 편의점에서 우리나라 컵라면도 팔지만 역시 비싸다. 중국 음식이 익숙지 않을 수도 있지만, 일단 음식에 적응이 되면 보다 큰 여행의 즐거움을 느낄 것이다.

칭다오 가이드북을 쓰는 계기가 된 칭다오에서 10년간 살고 있는 20년지기 이재헌과 송이에게 감사의 마음을 전한다. 언제나 깔끔하게 항공권 예약을 도와주는 강미나 님, 칭다오의 멋진 사진을 제공해 주신 낭만두더지 형님과 이상필 님, 윤재인 님과 윤가영 님, 네이버 블로거 류재무 님(blog.naver.com/jamjma98)과 아루무 님(arumutour.com), TOMMY LEE(diner.tistory.com) 님께도 감사의 인사를 드린다.

정태관

이 책의 구성

✈ **미리 만나는 칭다오**

칭다오는 어떤 매력을 지닌 도시인지 무엇을 보고, 무엇을 먹어야 할지
대표적인 관광지와 먹을거리, 쇼핑 아이템을 사진으로 미리 살펴보면서
여행의 큰 그림을 그려 보자.

✈ **추천 코스**

어디부터 여행을 시작할지 고민이 된다면 추천 코스를 살펴보자.
저자가 추천하는 코스를 참고하여 자신에게 맞는 최적의 일정을 세울 수 있다.

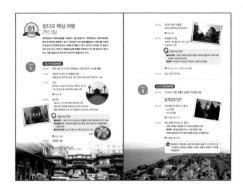

Notice! 최신 정보를 정확하게 담고자 하였으나 현지 사정에 따라 정보가 변동될 수 있습니다.
특히 요금이나 시간, 교통 등의 정보는 시기별로 다른 경우가 많으므로, 안내된 자료를 참고하여
여행 전에 확인하시기 바랍니다. 또한 중국어 발음의 한글 표기는 현지에서 소통하는 데 도움이
될 수 있도록 중국어 발음에 최대한 가깝게 표기하였습니다.

✈ 지역 여행

칭다오 시내의 주요 여행지부터 매력적인 근교까지 구석구석 소개한다.
꼭 가 봐야 할 대표적인 관광지의 생생한 사진과 상세한 관련 정보를 담았다.

지역별 특징과
교통편을 소개한다.

주요 관광지 소개는 물론
문화적 배경 지식과 팁이
곳곳에 숨어 있다.

시내에서 찾아가기 좋은
근교까지 자세히 다룬다.

입소문 자자한 맛집과
편안한 숙소를 소개한다.

✈ 테마 여행

여행의 즐거움을 배가시켜 줄 칭다오의 이국적인 장소와 칭다오 여행에서 빼놓을
수 없는 맥주와 음식, 쇼핑 이야기까지 칭다오에서 경험할 수 있는 특별한 테마를
소개한다.

🛬 여행 정보

여행 전 준비 사항부터 출국과 입국 수속까지 이미 알고 있는 내용이지만,
출국 전 다시 한 번 챙기면 좋을 유용한 정보들을 담았다.
칭다오 여행에서 유용한 바이두 지도 활용법은 덤!

🛩 여행 중국어 회화 / 찾아보기

여행 시 유용하게 쓸 수 있는 중국어 회화 및 이 책에 소개된 관광 명소,
레스토랑, 호텔 등을 쉽게 찾을 수 있는 인덱스 페이지를 구성해 놓았다.

📍 〈부록〉 휴대용 대형 지도

칭다오 전도를 비롯해 사용 빈도가 높은 지하철 노선도, 시내 버스 이용표를
한 장에 담았다. 여행 시 간편하게 손에 들고 다니며 볼 수 있어 유용하다.

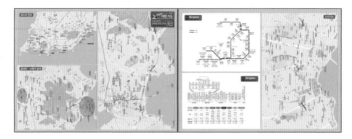

책에 나온 장소를 내 휴대폰 속으로!

여행 중 길 찾기가 어려운 독자를 위한 인조이만의 맞춤 지도 서비스.
구글맵 기반으로 새롭게 돌아온 모바일 지도 서비스로 스마트하게 여행을 떠나자.

※ 구글을 서비스하지 않는 중국 현지에서는 사용이 제한될 수 있습니다.

STEP 01

아래 QR을 이용하여
모바일 지도 페이지 접속.

STEP 02

길 찾기를 원하는
지역 선택

STEP 03

지도 목록에서 찾고자 하는 장소를 검색하여 원하는 장소로 이동!

❶ 지역 목록으로 돌아가기
❷ 길 찾는 장소 선택
❸ 큰 지도 보기
❹ 지도 공유하기
❺ 구글 지도앱으로 장소 검색

Contents

미리 만나는
칭다오

- 칭다오의 인기 여행지
- 칭다오의 먹을거리
- 칭다오의 특별한 기념품

칭다오의 인기 여행지

산둥반도의 해변 도시 칭다오는 바다의 풍경뿐만 아니라 시내 곳곳의 작은 언덕과 근교에 라오산이 있어 산의 풍경도 즐길 수 있다. 그 밖에도 100여 년 전 독일인들이 만든 유럽의 고풍스러운 건물과 빠르게 성장하는 중국 경제를 실감할 수 있는 고층 빌딩이 즐비한 도심의 풍경이 공존한다.

칭다오 해안 산책로

칭다오의 구시가에서 신시가를 지나 석노인 해수욕장까지 약 40km에 이르는 긴 해안을 따라 산책로가 조성되어 있다. 잘 포장된 길과 나무 데크가 있기도 하고, 모래사장을 따라 걸을 수도 있다.

루쉰 공원

해안 산책로를 따라 조성된 공원으로 아름다운 풍경으로 손꼽히는 곳 중 하나다. 공원에는 유람선을 탈 수 있는 곳도 있다. p.098

잔교

칭다오 맥주의 로고에도 그려진 칭다오의 상징, 잔교의 바로 앞에도 해안 산책로가 조성되어 있다. 썰물이 되면 갯벌로 내려가 조개를 줍는 사람들의 모습도 많이 보인다. p.081

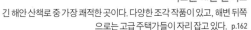

제2 해수욕장
칭다오 시내의 대표적인 해수욕장. 무엇보다 유럽의
풍경을 즐길 수 있는 팔대관과 인접해 있다. 해변에서
바라보는 화석루의 모습이 인상적이다. p.115

올림픽 요트 센터
붉은 조형물이 있는 5·4 광장에서 올림픽 요트 센터까지
의 산책로는 많은 관광객들이 찾는 곳이다. 올림픽 요트
센터 끝의 연인 제방 주변에는 바다를 보며 식사를 즐길
수 있는 음식점들이 모여 있다. p.149

해안 산책로의 보도블록
바다를 따라 산책을 즐기다 보면 보도블록에 그려진 칭다오의
이미지를 볼 수 있다. 잔교와 칭다오의 영문 표기 앞 글자인 Q,
바닷바람 등을 이미지화하고 있다.

석노인 해안 산책로
긴 해안 산책로 중 가장 쾌적한 곳이다. 다양한 조각 작품이 있고, 해변 뒤쪽
으로는 고급 주택가들이 자리 잡고 있다. p.162

📷 칭다오의 전망대

칭다오 시내에 있는 낮은 언덕에 오르면 유럽식 건물의 붉은 지붕이 내려다보이는 이국적인 풍경을 즐길 수 있다. 특히, 구시가에는 3개의 전망대가 모여 있다. 여행 일정이 길지 않다면 모든 전망대를 오르기보다는 본인의 일정과 동선, 취향을 고려해 선택하는 것이 좋다.

📷 신호산 전망대
영빈관, 기독교당 등의 인기 관광지와 함께 둘러보기 좋은 전망대다.
구시가의 전망대 중에는 가장 높고, 볼거리도 가장 많다. p.096

📷 소어산 전망대
3층짜리 팔각정이 있는 전망대로, 제1 해수욕장과
가까이에 있어 구시가의 전망대 중 바다의 풍경이
가장 예쁘게 보인다. p.100

관상산 전망대
무료 전망대라는 것이 장점이지만 구시가의 일부와 멀리 잔교가 보이는 정도의 전경이다.
칭다오 천주교당이 가깝게 보인다. p.097

TV 타워
칭다오 시내의 전망대 중 가장 비싸지만 가장 높은 곳에
서 전망을 바라볼 수 있다. 뿐만 아니라 구시가와 신시가
사이에 있는 중산 공원에 자리하고 있어 가장 다채로운
풍경을 볼 수 있기도 하다. p.118

거림 공원
중산로 북쪽, TV 타워의 아래쪽에 있는 거림 공원은 무료로
갈 수 있다. 중국과 유럽 색의 건물, 현대식 빌딩, 바다까지
다채로운 칭다오의 모습을 볼 수 있다. 거림 공원의 아래쪽에
있는 담산사와 인민 혁명 기념관에서 바라보는
시내의 풍경도 좋다. p.122

📷 칭다오 인기 관광지

칭다오 여행에서 빼놓을 수 없는 곳은 단연 칭다오의 상징이라
고 할 수 있는 잔교와 맥주 박물관이다. 하지만 이 밖에도 매력
적인 여행지가 많으니 잊지 말고 찾아가 보자.

 화석루
팔대관 풍경구에 있는 화석루는 칭다오에 있는 유럽식 건물 중
가장 화려한 건물로 꼽힌다. 중국 통일의 기반을 마련한 것으
로 평가받는 중화민국(대만)의 장제스가 칭다오에 방문했을
때 머물렀던 곳이기도 하다. p.115

 와인 박물관
칭다오는 맥주만 생각하기 쉽지만 맥주 박물관 못지않게 잘 꾸며진 와인 박물관이 있다. 와인 소개 코너는 한글
안내도 되어 있어 와인 애호가들에게도 유익한 시간이 될 수 있다. 무료 와인 시음도 있다. p.124

칭다오 미술관

중국 작가들의 회화 작품과 독특한 건축 양식을 보는 것도 재미있지만, 미술관 주변을 걷는 것으로도 좋다. 미술관 옆의 라오서 박물관 주변에 예쁜 카페들이 많이 모여 있다. p.094

지모루 시장

모조품 시장으로 유명한 시장. 알 만한 브랜드의 모조품을 둘러보는 재미도 있고, 시장 주변의 서민적인 풍경과 현대적인 건물에 중국 전통미가 더해진 주변 거리의 풍경을 보는 것도 즐겁다. p.089

완샹청(믹스몰)

칭다오에서 가장 최근에 오픈한 대형 쇼핑몰이다. 시정부 청사 바로 옆에 있고 주변에 최고급 호텔과 주상복합 건물들이 모여 있다. 애플 스토어와 실내형 어뮤즈먼트 시설인 세가 조이 폴리스 등이 있다. p.142

📷 칭다오의 거리

칭다오에는 주변 인기 여행지의 특징을 그대로 담은 거리들이 있다.

📷 맥주 거리

칭다오 맥주 박물관 주변에 길게 이어진 거리로 음식점, 술집이 모여 있다.
음식점이 아닌 맥주와 주류만 판매하는 상점들도 있고, 노점에서 저렴하
게 기념품을 판매하기도 한다. 최근에는 시내에선 보기 어려운 비닐봉지
에 맥주를 담아파는 모습도 볼 수 있다. p.127

📷 와인 거리

와인 박물관에서 칭다오 동물원까지 이어지는 거리
다. 맥주 박물관 앞의 맥주 거리에 비하면 규모는 작
은 편이다. p.125

카페와 차 거리
신시가의 이온몰(대형 슈퍼) 건너편에 있는 카페와 차 거리에는 소금 커피로 유명한 85℃ 커피와 중국 전통 찻집을 경험할 수 있는 연화각을 비롯해 카페들이 많이 모여 있다. p.146

운소로 미식 거리
칭다오의 거리 중 여행자들에게 가장 인기 있는 거리다. 양꼬치와 해산물을 중심으로 하는 산둥 반도의 음식을 파는 곳들이 모여 있으며, 비교적 늦은 시간까지 영업을 하는 곳들이 많다. p.145

피차이위엔 꼬치 거리
구시가에 있는 피차이위엔은 길거리 음식을 맛보기 좋은 곳이다. 여행자들에게 인기 있는 양꼬치와 오징어꼬치는 물론, 쉽게 접하기 어려운 전갈 꼬치와 지네꼬치 등도 있다. 이 밖에도 다양한 먹거리가 있다. p.086

📷 칭다오 근교

서양 문물이 들어오기 시작한 100여 년 전부터 개발되기 시작한 중국의 오랜 역사에 비하면 칭다오는 역사와 문화적인 관광지는 적지만 고속 열차가 개통되면서 열차로 3시간이면 천하제일명산이라 불리는 타이산에 갈 수 있고, 타이산에서 30분만 더 가면 중국 문화에서 가장 중요한 유교 사상을 성립한 공자의 마을 취푸가 있다.

📷 타이산

중국에서 가장 높은 산은 아니지만, 천하제일산으로 불릴 만큼 중국의 역사와 문화에서 가장 중요한 지위를 갖고 있는 산이다. 케이블카가 설치되어 있어, 등산을 하지 않더라도 정상에 오를 수 있다. 만약 등산을 한다면 아름다운 자연 풍경과 함께 곳곳에서 역사적 자취를 찾을 수 있다. p.186

📷 취푸

취푸 역에 도착하면 '유붕자원방래 불역락호 有朋自遠防來 不亦樂乎(멀리서 친구가 찾아오는데 어찌 즐겁지 아니한가)' 논어 학이편의 첫 구절이 여행자를 맞이한다. 취푸는 중국인들에게도 꼭 한번 여행 가고 싶은 곳이다. 공자가 살던 집과 제자들을 가르치던 장소, 그와 그의 가족들이 묻힌 무덤이 한곳에 모여 있다. p.200

> **Tip** ❶ 타이산에서 취푸까지는 고속열차로 30분이면 갈 수 있기 때문에 일정이 가능하다면 가급적 함께 보는 것이 좋다.
> ❷ 칭다오에서 타이산이 있는 타이안과 취푸까지는 고속 열차를 이용한다. 봄, 가을, 주말에는 열차 예약이 마감되는 경우가 많기 때문에 사전에 예약하는 것이 좋다. 미리 예약하면 보다 저렴하게 예약할 수 있고, ctrip.com의 한글 사이트에서 어렵지 않게 예약할 수 있다.
> ❸ 칭다오 열차 역에서 티켓 구입은 중국어를 못하면 외국인 창구를 이용해야 하는데, 구입하는 데 시간이 많이 소요된다. 열차 예약을 위해서는 신분증(여권)이 있어야 하며, 자동 판매기는 중국 현지인만 이용할 수 있다.

📷 라오산

타이산과 취푸에 갈 시간적 여유가 없다면 칭다오 시내에서 가까운 라오산으로 가 보자. 타이산에 비해 인지도가 낮은 것은 사실이지만, 현지인들 사이에서는 '태산이 높다 하더라도 동해의 노산보다 못하다'라는 이야기도 있고, 바다와 산을 함께 즐길 수 있다 하여 '해상명산'이라 불리기도 한다. 라오산 역시 타이산과 마찬가지로 케이블카를 적절히 이용하면 등산보다는 가벼운 트레킹을 하는 기분으로 정상에 오를 수 있다. p.172

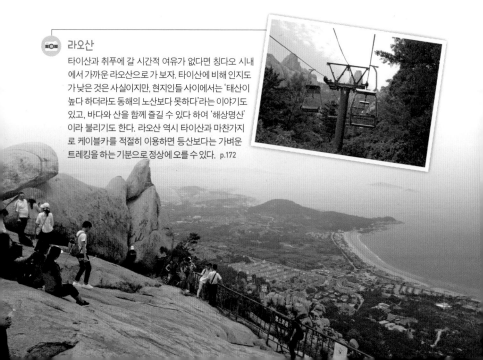

야시장과 길거리 음식

시북구의 타이동 야시장, 구시가의 피차이위엔 꼬치구이 거리에 가면 중국의 다양한 길거리 음식을 만날 수 있다. 전갈이나 지네와 같이 쉽게 도전하기 어려운 먹을거리도 있지만, 대부분의 길거리 음식들이 겉보기와 달리 맛도 좋고, 가격도 합리적이다. 운소로 미식 거리에도 길거리 음식을 파는 곳들이 있기는 하지만 길거리 음식을 제대로 즐기길 원한다면 타이동 야시장을 방문하는 것을 추천한다.

쏸라펀 酸辣粉

시큼하면서 매운맛의 국물에 당면으로 만든 면이 들어간 쏸라펀은 중국의 대표적인 길거리 음식으로, 가벼운 한 끼 식사로도 좋다. 가게에 따라 면의 굵기가 다르다. 아주 얇은 곳도 있고, 칼국수보다 두툼하게 나오는 곳도 있다. 대부분 샹차이香菜(고수)가 기본적으로 들어가는데 고수를 못 먹는다면 주문하면서 '부야오 샹차이不要香菜'라고 말하면 된다.

카오렁미엔 烤冷面

한 가닥 한 가닥 자르기 전의 넓은 면을 굽고, 계란과 소시지, 베이컨 등 취향에 따라 토핑과 양념을 더해 큼직하게 잘라서 나오는 음식이다. 쫄깃한 맛과 특유의 소스가 인상적이다. 쏸라펀과 마찬가지로 고수가 기본으로 들어가는 경우가 많으니 참고하자.

탕후루 糖葫芦

남녀노소 누구나 부담 없이 먹을 수 있는 길거리 간식으로 설탕물을 입힌 과일 꼬치다. 가장 기본적인 탕후루는 비타민이 많기로 유명한 산자나무 열매로 만드는데, 최근에는 딸기, 사과, 키위, 바나나 등 거의 모든 과일을 이용한다. 대추와 호두 등도 꼬치로 팔고 있다. 한국 관광객들이 많이 찾다 보니 번역기를 이용해 간판을 만든다는 게 '얼음사탕 조롱박'이라 표기하고 있는 곳이 제법 많다. 가격은 1개에 1~2元 정도.

향두부 香豆腐

커다란 철판에 굽다가 주문받은 만큼 조금씩 양념을 더해 주는 두부로 우리나라의 양념 조림 두부와 맛이 비슷하다. 두부 음식 중 취두부臭豆腐는 주로 검은색이고, 가까이 가면 지독한 냄새가 나는데 중국인들에게는 양꼬치와 함께 가장 인기 있는 길거리 음식이기도 하다. 두부 요리 가격은 5元 정도다.

양꼬치 羊肉串

우리나라 여행자들이 칭다오에서 가장 기대하는 음식은 역시 양꼬치겠지만, 최근 숯불 이용 등의 규제 때문에 의외로 양꼬치를 파는 곳은 많이 볼 수 없다. 야시장이나 꼬치 거리 외에도 신시가에서도 저녁 시간이 되면 노점에서 양꼬치를 팔기도 한다. 가격은 1~2元 정도.

닭목 숯불구이

길거리 노점에서는 닭고기도 부위별로 구워서 판다. 숯불구이 닭 중에 가장 인기 있는 부위는 정말 긴 닭목. 1개에 1元 정도이고, 최근에는 뼈 없는 숯불구이 닭고기를 판매하는 곳도 많이 보인다.

마오딴 毛蛋

마오찌단毛鷄蛋이라 불리기도 하는 마오딴은 한자를 보면 털이 있는 달걀, 즉 부화 직전의 달걀이다. 보통 일반 삶은 달걀과 함께 팔고, 꼬치에 꽂아서 계산하면 양념을 뿌려준다. 가격은 1개에 2~3元 정도.

석화, 가리비구이

길거리 음식 중 우리나라와 비교했을 때 가격 대비 만족도가 높고, 입맛에도 맞는 음식이다. 석화나 가리비 위에 얇은 당면을 삶아 함께 굽는다. 약간 매콤한 양념에 다진 마늘을 많이 넣는다. 가격은 석화 3개 10元, 가리비 5개 10元 전후.

Tip 중국은 우리가 생각하는 것보다 IT 기술이 빠르게 발전하고 있고, 특히 전자화폐 분야는 우리나라보다 앞선다는 평이 있다. 길거리 음식점에서 신용카드 결제는 안 되지만, QR 코드를 이용해 전자화폐로 계산할 수 있는 곳이 점차 늘고 있다.

칭다오는 밤 9~10시 정도면 대부분의 상점들이 영업을 마치고, 가로등이 많지 않아 늦은 시간까지 다니는 것은 추천하지 않는다. 저녁 식사를 하고, 마사지를 받는 정도로 일정을 마치고, 숙소로 들어가는 것이 좋다. 남은 시간이 아쉽다면 마트나 편의점에서 간식을 사 보자. 군것질을 좋아한다면 여행지의 마트는 또 다른 여행의 즐거움이 되곤 한다.

꽃게알맛 해바라기씨

해바라기씨를 튀기고 향을 첨가한 간식 겸 안주다. 칭다오뿐 아니라 중국 어디서든 구입할 수 있는 과자인데, 이름도 재미있고 맛도 괜찮다. 큰 봉투 안에 한 번에 먹기 좋은 양의 개별 포장 여러 개가 들어 있다. 가격은 5.20元이고, 꽃게알맛 외에도 가루육포맛도 있는데, 가루육포맛은 중국 특유의 향이 가미되어 있어 호불호가 갈린다.

해바라기씨

중장년층에게 향수를 불러일으키는 추억의 간식으로 종이봉투에 담겨 있다. 칭다오 맥주 안주로 좋지만, 껍질째 포장되어 있기 때문에 껍질을 까야 하는 번거로움이 있다. 껍질을 까는 것이 익숙해진다면, 중국의 마트나 편의점에서 사는 먹을거리 중에서 가장 중독성이 높은 것 중 하나다. 가격은 패키지 크기에 따라 4.5~7.5元이다.

옥수수 소시지

중국의 마트 먹거리 중 우리나라 여행자와 유학생 사이에서 가장 인기 있는 것 중 하나가 옥수수맛 소시지. 옥수수향이 첨가되어 있고, 옥수수 알도 한두 개씩 들어가 있어 씹는 맛도 느낄 수 있다. 브랜드에 따라 다양한 크기가 있는데, 일반적으로 한입에 넣을 수 있는 작은 사이즈가 우리의 입맛에 맞는 편이다. 가격은 5元 전후.

펑리수

대만에서 시작되어 중국 대륙까지 진출한 과자로 버터쿠키 안에 잼이 들어 있다. 파인애플맛이 가장 인기가 많고, 망고나 딸기맛도 있다. 펑리수는 판매 회사에 따라 가격도 다르고 조금씩 맛이 다르다. 여행 중 작은 패키지를 구입해서 시식을 해 보고, 귀국할 때 사가면 좋다. 공항에서도 판매하고 있지만 시내에서 구입하는 것보다 2배 이상 비싸다. 시내에서는 가장 큰 패키지 기준 15元 정도이고, 작은 패키지는 10元 미만이다.

강사부 빙당설리

중국의 차 음료 브랜드 1위인 강사부의 제품 중 최근 가장 인기 있는 제품이다. 배의 달콤한 향이 은은하게 나는 물로 시원하게 마시면 더 좋지만, 중국 마트나 편의점에서는 시원하게 파는 경우가 많지 않으니 호텔의 냉장고를 이용하자. 가격은 2.90~3.50元.

왕왕 쌀과자

귀여운 캐릭터가 그려져 있는 쌀과자는 중국 판매량 1위의 식품 기업인 왕왕旺旺의 대표 상품이다. 쌀과자뿐 아니라 왕왕에서 판매하는 대부분의 과자는 우리의 입맛에도 잘 맞고, 중장년층의 간식으로 인기가 많다. 왕왕의 영문 표기는 want-want이다. 가격은 패키지 크기에 따라 다르지만 일반적으로 3~5元이다.

망고 아이스크림

중국 브랜드의 아이스크림은 1~3元 정도로 매우 저렴한데 맛도 제법 훌륭한 편이다. 특히 인기 있는 것은 망고 아이스크림이다. 가격은 3元.

오레오

세계적으로 인기 있는 오레오가 20여 년 전 중국에 진출했을 때, 다른 나라와 달리 크게 고전을 했다. 고민 끝에 단맛을 조금 줄이고 중국인들의 취향을 반영한 다양한 제품을 출시하면서 큰 인기를 끌게 되었다. 현지 마트나 편의점에서 우리나라에서는 볼 수 없는 오레오 쿠키를 볼 수 있다. 다양한 종류가 있으니 취향에 따라 선택하자. 가격은 10元 전후로 중국 브랜드보다는 조금 비싼 편이다.

3+2

중국의 차 음료와 컵라면 브랜드로 잘 알려진 강사부에서 야심차게 출시한 과자다. 세 장의 크래커에 두 가지 크림을 발라 이름이 '3+2'. 치즈 크림, 초코 크림, 딸기 크림, 바닐라 크림 등 약 10여 개의 조합이 있다.

강사부 우육면

마트나 편의점에 우리나라 컵라면이 없는 경우는 거의 없다. 게다가 동일 제품도 중국과 우리나라의 맛이 미묘하게 다르다고 하니 사서 먹어 보는 것도 좋지만, 현지의 컵라면 맛이 궁금하다면 강사부의 우육면을 추천한다. 얼큰한 국물이 우리의 입맛에 비교적 잘 맞는 편이다. 가격은 4元 정도다.

초대형 킨더조이 유사 제품

장난감이 들어 있어 아이들에게 인기 있는 초콜릿 브랜드 킨더조이는 중국보다 우리나라가 저렴하다. 하지만, 우리나라에는 없는 중국의 초대형 킨더조이 유사 브랜드는 재미 삼아 사볼 만하다. 크기가 아이 얼굴만 하다. 초콜릿은 일반 킨더조이 크기 세 개가 들어 있고, 장난감은 남아용과 여아용 두 개가 들어 있다. 가격은 30元.

🍴 칭다오 패스트푸드

중국에서 가장 인기 있는 외국계 패스트푸드 체인점은 KFC이다. 1987년 치킨과 버거 메뉴를 중심으로 베이징에 첫 매장을 열었을 때는 큰 인기를 얻지 못했지만, 2000년대 초부터 현지화 메뉴를 선보이며 크게 인기를 얻기 시작해 2017년 현재 5,000여 개가 넘는 매장을 운영하고 있다. 중국의 매장에서만 맛볼 수 있는 패스트푸드 체인점의 메뉴를 알아보자.

Tip 중국식 패스트푸드점 한자 읽기

KFC 肯德基 긍덕기[컨더지]
맥도날드 麦当劳 맥당로[마이땅라오]
스타벅스 星巴克 성파극[싱바커]

KFC

 모닝죽

중국 현지화 메뉴의 시작이라고 할 수 있는 KFC의 모닝죽. 아침 식사로 죽을 선호하는 중국인들의 취향에 맞춰 중국 KFC의 모닝 세트는 죽을 중심으로 하고 있다. 죽 단품은 6元이고, 음료와 디저트 세트로 해도 15元 정도면 가볍게 아침 식사를 해결할 수 있다.

 **에그타르트**

우리나라 KFC에 비스킷이 있다면 중국의 KFC에는 에그타르트가 있다. 제과점에서 판매하는 에그타르트 못지않은 훌륭한 수준으로 중국 KFC에서 가장 인기 있는 사이드 메뉴다. 가격은 5元.

 닭꼬치

완벽한 현지화 메뉴로 꼽히는 메뉴로 중국의 KFC에서는 닭꼬치도 판매하고 있다. 일단 닭고기 살로만 하는 우리의 닭꼬치와는 조금 다르게 연골이 함께 들어가 있어 씹는 맛을 즐길 수 있다. 가격은 7.6元.

 나이차

모닝 세트로 죽을 판매하면서 커피가 아닌 나이차奶茶를 판매한 것도 중국인들의 호감을 얻는 데 큰 역할을 했다. 우려낸 차에 따뜻한 우유와 연유를 넣은 나이차는 죽과 함께 부담 없는 아침을 시작하기 좋다.

McDonald's

치킨카츠 덮밥

KFC의 돈카츠 카레 덮밥에 대항해 등장한 메뉴로 치킨 패티가 덮밥 위에 올려져 있다. 중국 현지인들에게 상당히 좋은 평을 얻고 있는 메뉴로 콜라와 함께 나오는 세트가 15元으로, 저렴한 가격도 인기의 비결이다.

딸기 파이

맥도날드의 아이스크림만큼 인기 있는 디저트다. 딸기잼이 가득 들어 있는 따뜻한 딸기 파이의 인기에 힘입어 파인애플 파이까지 등장했다.

STARBUCKS

스타벅스도 중국차를 이용한 음료와 중국 전통 과자, 떡을 콘셉트로 하는 디저트 메뉴를 개발하고 있다. 거의 모든 커피 메뉴는 우리나라보다 비싸고, 우리나라에서처럼 무료 와이파이를 이용할 수 없다. 칭다오 시내의 스타벅스는 신시가 지역에만 있다.

> **Tip 스타벅스와 패스트푸드점의 와이파이**
>
> 전 세계 대부분의 스타벅스 매장에서는 무료로 사용할 수 있는 와이파이를 제공하고 있다. 중국 스타벅스도 마찬가지지만, 중국 휴대전화 번호로 받는 인증번호를 입력해야 하기 때문에 로밍된 휴대전화로는 무료 와이파이를 이용할 수 없다. KFC와 맥도날드도 마찬가지로 중국 휴대전화 번호 없이는 매장 내의 무료 와이파이를 이용할 수 없다.

칭다오의
**특별한
기념품**

칭다오 맥주 관련 기념품

칭다오 하면 가장 먼저 떠올리는 것이 칭다오 맥주가 아닐까? 칭다오 맥주와 관련된 기념품은 어디서나 쉽게 찾아볼 수 있다. 편의점과 대형 슈퍼에서는 우리나라에는 수입되지 않는 칭다오 맥주를 판다. 공항에서도 구입할 수 있다.

미니어처 초콜릿

최근 가장 인기 있는 아이템은 맥주 모양 초콜릿으로 미니어처 맥주 상자에 담겨 있다. 맥주 모양 초콜릿은 칭다오 시내에서는 맥주 박물관 기념품 숍에서만 판매하고 있으며, 간혹 공항의 매점에서 판매하기도 한다. 나무 상자는 46元 (공항에서는 55元), 플라스틱 상자는 36元.

 병따개 냉장고 자석

맥주 박물관, 공항 면세점은 물론 야시장과 길거리에서도 쉽게 볼 수 있는 기념품이다. 판매하는 곳에 따라 가격이 천차만별인데, 야시장과 길거리에서는 3개에 10元 정도면 구입할 수 있다. 맥주 박물관에서 구입하는 것이 품질이 가장 우수하다.

중국인들이 즐겨 마시는 맥주잔

🎁 맥주잔

칭다오 맥주의 공식 맥주잔도 판매하고 있다. 공항에서도
구입할 수 있으니 파손이 걱정된다면 조금 비싸더라
도 공항에서 구입하는 것이 좋다. 참고로 중국인
들은 기념품 숍에서 파는 것처럼 큰 맥주잔에 마
시지 않고, 한 번에 마시기 좋은 작은 맥주잔(소주
잔보다 조금 더 큼)을 즐겨 사용한다.

소주잔 40元

160元   40元   60元

🎁 나만의 칭다오 맥주

맥주 박물관의 시음 코너에 있는 '나만의 칭다오 맥주个
性酒' 만들기 코너에서 특별한 기념품을 만들 수 있다. 사
진을 찍고 조금 기다리면 맥주 라벨로 붙여 준다. 35元으
로 부담 없는 가격이다.

맥주 콩 🎁

맥주 박물관 시음 코너에서 무료로 1개 제공되는 맥주 땅콩이다. 칭다오 맥
주와 가장 어울리는 땅콩으로 불린다. 기념품 숍과 공항에서 구입할 수 있
다. 가격은 하나에 2~3元.

🏁 스타벅스 시티 머그

냉장고 자석만큼이나 수집하는 사람이 많은 스타벅스 시티 머그. 칭다오의 스타벅스에는 홍콩이나 상하이, 북경에서도 구입할 수 있는 CHINA 머그와 텀블러와 칭다오에서만 구입할 수 있는 두 가지 종류의 머그가 있다. 에스프레소 머그컵은 세트로 판매하기도 한다. 최근에는 시티 머그 외에 중국에서만 판매되는 시즌 머그도 여행 선물이나 기념품으로 인기가 많다.

110元

85元

120元

선물 포장

시즌 보온병 350元

시즌 머그 128元

🔳 라오산 녹차

칭다오의 대표적인 기념품은 맥주도 있지만 녹차 관련 제품도 빼놓을 수 없다. 맑은 물이 흐르는 라오산의
녹차가 유명하다. 시내에서 녹차 전문점을 어렵지 않게 찾아볼 수 있고, 공항과 대형 마트에서도 라오산 녹
차를 구입할 수 있다.

❀ 천복명차 天福名茶 Tianfu Tea

까르푸 1층 상점가에 있는 차 전문점으로 녹차, 홍
차, 재스민차 등 다양한 차를 전문으로 판매한다.
라오산 녹차뿐 아니라 중국 유명 산지의 차를 판매
하고, 80元부터 1000元이 넘는 명차까지 다양한 제품을 갖추고 있
다. 녹차를 즐기지 않는다면, 녹차 쿠키를 구입해 보자. 24元으로 박스 안에 낱개 포장이 되
어 있어 부담 없는 선물로 좋다. 천복명차는 까르푸 외에도 신시가를 중심으로 칭다오 시내 곳곳에 매장을 두고
있다. 매장에 방문하면 녹차 시음과 쿠키 시식도 가능하다.

주소 青岛市 市南区 香港中路 21号 家乐福F1
위치 까르푸 1층 전화 0532-8584-3501

❀ 대형 마트의 녹차 코너

까르푸 등의 대형 마트에도
선물용 녹차 코너가 있다.
보다 대중적인 제품들이
있으며, 가격대도 30元대
부터 시작된다.

🎁 라오산 등산길의 녹차

여행 일정 중 라오산 등산을 한다면, 녹차 잎 생산자가 직접 만든 녹차를 구입할 수도 있다. 정찰제가 아니기 때문에 구입하는 가격이 일정하지 않을 수 있는데, 보통 한 통에 15~20元 정도다. 비교적 저렴한 가격에 산지의 녹차를 구입할 수 있지만 제품의 품질을 정확히 알기 어렵다는 점은 고려하고 구입해야 한다.

🔳 냉장고 자석

여행 기념품으로 가장 일반적인 품목. 칭다오에도 냉장고 자석이 있기는 하지만 판매하는 곳이 많지는 않다. 중산로의 소울 디저트(p.84)와 천주교 성당 앞 노점, 소어산 공원 입구의 기념품 상점, 우전 박물관, 지모루 시장 지하 1층 잡화점과 타이동 야시장 등에서 구입할 수 있다. 가격은 10~15元이다.

5·4 광장

피차이위엔

라오산

잔교

영빈관

🏢 관광지 모형 건물

냉장고 자석보다 크고 입체감도 있는 칭다오 주요 관광지의 모형은 가장 작은 것은 10元 정도이고, 조금 큰 것도 30元을 넘지 않을 만큼 가격 대비 괜찮은 선물이 될 수 있다. 냉장고 자석을 판매하는 곳에서 함께 판매하는 경우가 많다.

🏢 호환 레고

중국에는 레고 블록과 호환되는 브랜드가 여럿 있다. 정품 레고의 절반도 되지 않는 가격으로, 저렴한 가격만큼 블록 자체의 품질이 레고를 따라갈 수 없어 레고 마니아에게는 큰 매력이 없지만, 아이들이 가지고 놀기에는 부족함이 없다. 지모루 시장 지하 1층의 아동용품 코너와 신시가의 신화 서점 3층에서 구입할 수 있다. 참고로 중국에서 판매하는 정품 레고는 우리나라에서 구입하는 것보다 비싸다. 레고는 상표권이 있지만 블록 자체는 특허 기간이 1989년에 종료되어 호환 블록 제품도 법적으로 문제가 없다고 한다.

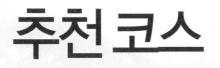

추천 코스

- 칭다오 핵심 여행 2박 3일
- 여유로운 칭다오 여행 3박 4일
- 아이와 함께하는 칭다오 여행 2박 3일
- 라오산 당일치기 여행
- 타이산 당일치기 여행
- 타이산 + 취푸 1박 2일 여행

칭다오 핵심 여행
2박 3일

제주항공과 티웨이항공을 이용하는 3일 일정이다. 제주항공과 티웨이항공은 하루 한 편씩만 운항하고 있다. 인천에서 오전 일찍 출발하는 비행기를 이용하면 점심시간 이전에 칭다오 시내에 도착할 수 있다. 하지만 귀국편도 두 항공사 모두 오전 10시 이전이기 때문에 실제 여행은 하루하고 반나절 정도라고 할 수 있다. 알찬 일정으로 칭다오의 하이라이트를 보고 오자.

구시가 하이라이트

10:00 **입국 심사 후 702번 공항버스 이용 칭다오 시내로 출발**

11:00 **칭다오 역 도착 후 호텔로 이동**
호텔 체크인 전에 짐 보관 가능, 경우에 따라 얼리 체크인도 가능

11:30 **잔교**
칭다오의 상징이자 칭다오 맥주의 로고이기도 한 잔교에서 본격적인 일정 시작!

⊘ 도보 5분

12:00 **중산로**
• 칭다오 구시가의 번화가 중산로 산책
• 압도적인 외관을 자랑하는 칭다오 천주교당
• 좁은 골목길에 꼬치구이 전문점이 모여 있는 피차이위엔

칭다오 천주교당

👍 **점심 식사 추천**
❶ **춘화루** : 100년 역사의 산둥 요리 전문점, 만두와 꿔바로우가 인기 메뉴
❷ **삼합원수교** : 칭다오의 명물 교자 전문점, 생선이 들어간 교자를 비롯한 다양한 메뉴
❸ **피차이위엔** : 길거리 음식이 가득한 꼬치구이 거리

춘화루

⊘ 도보 10분

14:00 **지모루 시장**
칭다오 최대의 모조품 시장

⊘ 도보 25분, 택시 10분

16:00 **칭다오 맥주 박물관**
칭다오 맥주에 관해 알아보자.

⬇ 도보 5분

18:00 **타이동 야시장**
저녁에 가장 활기찬 거리. 길거
리 음식도 가득!

 저녁 식사 추천
❶ **하이하리** : 칭다오 맥주와 궁합이 좋은 바지락 요리를 하는 맥주 박물
관 출구 바로 앞의 음식점
❷ **홍옥** : 타이동 야시장 입구의 중국식 스테이크 전문점

⬇ 택시 또는 버스 이용 숙소로 이동

20:00 **숙소 도착 후 휴식**

Day 2

신시가 하이라이트

08:00 **지하철 3호선 이용**
바다를 테마로 한 열차

⬇ 지하철 6분 (2元)

08:30 **인민회관 역 하차 (C 출구)**
• 노산 공원
• 소어산 공원

⬇ 지하철 4분 (2元)

팔대관 화석루

10:00 **중산 공원 역 하차 (C 출구)**
• 유럽 귀족들이 별장을 짓고 살았던 팔대관 산책
• **화석루** : 팔대관 풍경에서 가장 화려한 건물
• 주말의 팔대관은 현지 예비 부부들의 웨딩 사진 촬영 명소

⬇ 지하철 4분 (2元)

 Tip 팔대관은 지하철 중산 공원 역과 태평각 공원 역 사이에 있다. 중
산 공원에서 팔대관 산책을 시작해서 태평각 공원에서 지하철
에 탑승한다.

| 12:00 | **5·4 광장 역 하차 (C, D 출구)** |
| | 5·4 광장에서부터 해안 산책로를 따라 올림픽 요트 센터로 이동 |

⬇ 도보 15분

| 13:00 | **올림픽 요트 센터** |
| | 연인 제방, 마리나 시티 쇼핑몰 |

 점심 식사 추천

❶ **딘타이펑** : 육즙이 가득한 소롱포 전문
체인점. 우리나라 딘타이펑보다 저렴함.
❷ **진취덕** : 베이징 스타일의 오리구이 전문점

⬇ 도보 15분

15:00	**카페와 차 거리**
	커피 전문점과 전통 찻집이 모여
	있는 거리

⬇ 도보 10분

| 18:00 | **운소로 미식 거리** |
| | 신시가의 중국 음식점이 모여 있는 거리. 거리 중간중간 마사지숍도 많다. |

👍 **저녁 식사 추천**

❶ **소어촌 해선채관** : 운소로 입구에 있는 대형 레스토랑
❷ **몽골 양구이** : 칭다오 맥주와 잘 어울리는 양꼬치

⬇ 버스 26, 311, 312번 이용 약 20분, 구시가 숙소로 이동

| 20:00 | **숙소 도착 후 휴식** |

Day 3

귀국

06:30 칭다오 역에서 702번 공항 버스 이용 공항으로 출발

07:30 칭다오 공항 도착 후 출국심사

09:30 칭다오 출발

12:05 인천 도착

Tip 신시가에 있는 호텔에 묵는다면

앞서 소개한 일정은 구시가에 숙소를 정하는 경우다. 숙소의 위치가 신시가에 있다면 구시가 호텔 숙박의 일정에서 1일차와 2일차를 바꾸면 된다. 단, 아래의 사항을 참고하자.

❶ 공항에서 신시가까지는 701번 공항버스를 이용한다.

❷ 신시가에서 구시가까지는 5·4 광장에서 지하철을 이용하거나 버스를 이용한다. 26, 311, 312번 등의 버스가 구시가로 간다. 버스를 탈 때 칭다오 역青島站, 열차 역火车站이라고 써 있는 것을 확인하고 타면 된다.

• 항공 스케줄 참고

티웨이

07:30 인천 출발 ➡ 08:25 (현지 시간) 칭다오 도착 (1시간 55분 소요)

09:30 칭다오 출발 ➡ 12:05 인천 도착

제주항공

08:20 인천 출발 ➡ 08:50 (현지 시간) 칭다오 도착 (1시간 30분 소요)

09:50 칭다오 출발 ➡ 12:20 인천 도착

운소로 미식 거리

여유로운 칭다오 여행
3박 4일

대한항공, 아시아나항공뿐 아니라 중국 항공사를 이용하면 우리나라에서 아침 일찍 출발하고, 저녁에 귀국하는 꽉 찬 3박 4일 일정이 나온다. 3박 4일이면 칭다오 시내의 주요 관광지를 모두 방문하는 것은 물론이고, 팔대관, 중산 공원이나 시내 곳곳에 있는 예쁜 카페에서 여유를 즐길 수도 있다.

Day 1

공항 – 신시가, 맥주 박물관

10:00 701번 공항버스 이용 신시가로 이동

12:00 올림픽 요트 센터
연인 제방, 마리나 시티 쇼핑몰

 점심 식사 추천
❶ **딘타이펑** : 육즙이 가득한 소룽포 전문 체인점. 우리나라 딘타이펑보다 저렴함.
❷ **진취덕** : 베이징 스타일의 오리구이 전문점

⬇ 도보 15분

14:00 5 · 4 광장
칭다오 신시가의 상징적인 조형물이 있고, 올림픽 요트 센터까지 해변 산책로가 이어진다.

⬇ 버스 104, 225, 232번 이용 15분 + 도보 15분
택시 이용 시 약 20분

15:00 칭다오 맥주 박물관
칭다오 맥주에 관해 알아보자.

⬇ 도보 5분

18:00 타이동 야시장
저녁에 가장 활기찬 거리. 길거리 음식도 가득!

중산로   지모루 시장

하이하리

👍 **저녁 식사 추천**

❶ **하이하리** : 칭다오 맥주와 궁합이 좋은 바지락 요리를 하는 맥주 박물
관 출구 바로 앞의 음식점

❷ **홍옥** : 타이동 야시장 입구의 중국식 스테이크 전문점

⬇ 버스 104, 110, 125번 이용 20분

20:00   까르푸
간식을 사서 숙소로 이동 또는 운소로 미식 거리에서 야식이나 마사지
즐기기

Day 2

[**팔대관, 구시가**]

10:00   팔대관
- **화석루** : 팔대관 풍경구에서 가장 아름다운 건물
- **제2 해수욕장** : 풍경구에서 이어지는 아름다운 칭다오의 해변, 웨딩
촬영 명소

⬇ 지하철 또는 버스 20분

12:00   중산로
- 칭다오 구시가의 번화가 중산로 산책
- 압도적인 외관을 자랑하는 칭다오 천주교당
- 좁은 골목길에 꼬치구이 전문점이 모여 있는 피차이위엔

삼합원수교

👍 **점심 식사 추천**

❶ **춘화루** : 100년 역사의 산동 요리 전문점, 만두와 꿔바로우가 인기 메뉴

❷ **삼합원수교** : 칭다오의 명물 교자 전문점, 생선이 들어간 교자를 비
롯한 다양한 메뉴

❸ **피차이위엔** : 길거리 음식이 가득한 꼬치구이 거리

⬇ 도보 10분

14:00   지모루 시장
칭다오 최대의 모조품 시장

⬇ 도보 15분

소청도 공원

16:00 **잔교**
칭다오의 상징 잔교에서 본격적인 일정 시작!

 택시 이용 약 10분

17:00 **소청도 공원**
잔교와 구시가의 야경을 감상할 수 있는 공원. 여름 성수기 외에는 주위가 상당히 어둡다.

 택시 이용 약 20분

18:00 **운소로 미식 거리**
신시가의 중국 음식점이 모여 있는 거리. 거리 중간중간 마사지숍도 많다.

 저녁 식사 추천
❶ **소어촌 해선채관** : 운소로 입구에 있는 대형 레스토랑
❷ **몽골 양구이** : 칭다오 맥주와 잘 어울리는 양꼬치

 도보 5분

21:00 **숙소 도착 후 휴식**

- -

Day 3 **구시가**

10:00 **신호산 공원**
- **신호산 공원** : 유럽식 빨간 지붕 건물 전경이 인상적인 전망대
- **영빈관과 기독교당** : 신호산 공원에서 가까운 구시가의 관광 명소

신호산 공원

 도보 10분

12:00 **칭다오 미술관**
독특한 건물을 둘러보는 재미가 있는 미술관

 도보 5분

13:00 **칭다오 우전 박물관**
전화기와 우편 박물관을 보고 같은 건물에 있는 인기 카페에서 가볍게
식사도 할 수 있다.

⬇ 지하철 3 · 2호선 이용 약 40분 또는 304, 316번 버스 이용 약 60분

15:00 **석노인 해수욕장**
칭다오시 인근에서 가장 넓은 해수욕장, 해수욕장을 따라 산책로가 조
성되어 있고, 해 질 녁에는 석양이 아름다운 곳이다.

⬇ 지하철 20분 + 도보 10분

19:00 **카페 거리**
카페뿐만 아니라 운소로 미식 거리와 다른 느
낌의 깔끔하고 세련된 음식점들이 있다.

 저녁 식사 추천
❶ **선가어수교** : 칭다오의 전통 교자, 어만두 전문 체인점
❷ **더 다이너 22** : 파스타와 피자. 이탈리안 요리 전문점

더 다이너 22

21:00 **숙소 도착 후 휴식**

Day 4

숙소 주변, 공항 이동

10:00 **호텔 조식 후 숙소 주변 관광지 및 쇼핑 즐기기**
칭다오의 호텔 대부분의 체크아웃 시간은 11~12시다. 체크아웃을 한 이
후에도 호텔에 짐을 보관할 수 있으니 공항 출발 전까지 짐을 맡기고 편
하게 여행하자. 단, 귀중품의 보관은 주의하는 것이 좋다.

⬇ 도보 10분

비행기 출발 3시간 전 **칭다오 시내에서 공항으로 출발**
공항버스를 이용할 예정이라면 버스 탑승 장소를 미리 확인해 두고, 도
로 사정 등을 감안해서 최소 3시간 전 여유 있게 출발하는 것이 좋다.

아이와 함께하는
칭다오 여행 2박 3일

아이와 함께 여행을 한다면 관광지를 방문하는 것만큼 중요한 것이 호텔이다. 수영장을 이용할 수 있는 호텔을 선택하는 것이 좋고, 중국어에 익숙하지 않다면 영어 소통이 잘 되는 외국계 체인 호텔을 선택하는 것도 한 방법이다. 신시가에는 수영장이 있는 호텔이 많은데, '파글로리 레지던스'는 유아풀도 있고, 레지던스라 이유식을 데울 수 있는 전자레인지가 있어 아이와 함께 머물기 좋다.

> **Tip** 아이와 여행할 때
> ❶ 아이와의 여행은 아이의 컨디션에 따라 일정이 달라질 수 있으니 큰 동선만 계획하고 상황에 따라 이동 시간을 조절하는 것이 좋다. 이동은 가급적 택시를 이용하는 것을 추천한다.
> ❷ 석노인 지역은 공항에서 공항버스를 이용할 수 있고, 수영장이 좋은 하얏트 리젠시 호텔에서 마지막 날 숙박을 하면서 여유로운 일정을 보내기도 좋다.
> ❸ 구시가 중산로 일대, 신호산과 소어산 전망대는 언덕이 많아 유모차로 이동하기 불편하다. 접고 펴기 쉬운 휴대용 유모차를 준비하는 것이 좋다.
> ❹ 대중교통과 관광지 입장 시 어린이 요금은 신장(키)을 기준으로 하는 경우가 많다. 대부분 120~130cm 기준이고, 중국어로 1.2~1.3米로 표기되어 있다.

Day 1

공항 - 신시가, 중산 공원

13:00 올림픽 요트 박물관

요트 경기에 관한 자료를 전시하고 있는 박물관이지만, 아이들이 좋아하는 주제의 기획전이 자주 열린다. 박물관 옆의 연인 방파제 주변으로 산책하기 좋고, 마리나 시티 쇼핑몰에 음식점도 많다.

딘타이펑

 점심 식사 추천

❶ **딘타이펑** : 소롱포 전문 체인점. 아이들도 부담 없이 먹을 수 있는 볶음밥 등의 메뉴도 있다.
❷ **피자헛** : 중국 음식이 아이의 입맛에 맞지 않다면 피자헛이나 패스트푸드를 이용하는 것도 좋다.

⬇ 도보 약 15분

14:00 5·4 광장

칭다오 신시가의 상징적 조형물이 있고, 올림픽 요트 센터까지 해변 산책로가 이어진다.

⬇ 택시 약 10분

극지해양세계

TV 타워

15:00 **중산 공원**
산책하기 좋은 넓은 공원에는 식물원
과 동물원이 있다. 칭다오에서 가장
높은 전망대인 TV 타워에도 아이들
이 흥미를 느낄 만한 전시를 하고 있다. 단, 공
원에서 TV 타워로 올라가는 로프웨이는 안전에 주의하자.

⬇ 택시 약 15분

18:00 **호텔 도착 후 수영장 이용 및 휴식**

Day 2

석노인 해수욕장

10:00 **석노인 해수욕장**
신시가에서 지하철로 약 30분(3元), 버스로 약 60분(2元) 정도의 거리
에 있는 석노인 해수욕장은 칭다오에서 가장 넓은 해수욕장이다.

⬇ 도보 20분

13:00 **칭다오 도시계획 전시관**
해수욕장 남단에 있는 실내 시설로, 칭다오시의 미니어처 모형 등의 볼
거리가 있다.

⬇ 도보 35분(해안 산책로 이용), 택시 10분

14:00 **극지해양세계**
북극의 자연환경을 소개하는 동물원 겸 수족관으로 돌고래쇼와 물개쇼
를 관람할 수 있다.

 석노인 지역 식사 추천
해변을 바라보는 위치에 카페와 쇼핑몰이 있다. 쇼핑몰의 음식점에서 식
사를 할 수 있다.

⬇ 택시 25분, 버스 60분 (2元)

18:00 **칭다오 시내 호텔 도착 후 휴식**

Day 3

구시가, 공항 이동

11:00 호텔 짐 보관 후 구시가 잔교에서 일정 시작

칭다오의 호텔의 대부분은 호텔 체크아웃 시간은 11~12시다. 체크아웃을 한 이후에도 호텔에 짐을 보관할 수 있으니, 공항으로 출발 전까지 짐을 맡기고 편하게 여행하자. 단, 귀중품의 보관은 주의하는 것이 좋다.

🔽 도보 15분

12:00 중산로

- 칭다오 구시가의 번화가 중산로 산책
- 압도적인 외관을 자랑하는 칭다오 천주교당
- 좁은 골목길에 꼬치구이 전문점이 모여 있는 피차이위엔

칭다오 천주교당

  점심 식사 추천

❶ **춘화루** : 100년 역사의 산동 요리 전문점,
   만두와 꿔바로우가 인기 메뉴
❷ **삼합원수교** : 칭다오의 명물 교자 전문점,
   생선이 들어간 교자를 비롯한 다양한 메뉴
❸ **피차이위엔** : 길거리 음식이 가득한 꼬치구이 거리

춘화루

비행기 출발 3시간 전 칭다오 시내에서 공항으로 출발

공항버스를 이용할 예정이라면 버스 탑승 장소를 미리 확인해 두고, 도로 사정 등을 감안해서 최소 3시간 전 여유 있게 출발하는 것이 좋다.

04 Course

라오산
당일치기 여행

바다와 산의 풍경을 모두 즐길 수 있는 아름다운 라오산은 칭다오 맥주를 만드는 맑은 물이 솟아나는 곳이다. 진시황이 불로초를 찾기 위해 법사를 보냈다는 역사가 있고, 도교의 발상지이기도 한 라오산은 칭다오 시내에서 1시간 30분 정도의 거리에 있다. 케이블카를 이용하면 등산이라기보다 가볍게 산책을 즐기는 기분으로 다녀올 수 있다.

07:30 **칭다오 시내에서 출발**
304번 버스는 구시가(칭다오 역)에서 출발해서 신시가(까르푸 건너편)를 지나 라오산으로 가고, 104번 버스는 타이동에서 출발해서 신시가를 지나 라오산으로 이동한다.

🔽 버스 1시간 30분

09:00 **대하동 매표소**
라오산의 여러 코스 중 가장 인기 있는 두 가지 코스가 시작되는 곳. 라오산 정상에 가려면 거봉 코스 티켓을 구입하고, 가벼운 산책을 즐기며 해안과 산을 즐기려면 앙구 코스 티켓을 구입하자.

거봉 코스는 1개의 유람구를 보기 때문에 비교적 단순하지만, 앙구 코스는 3개의 유람구를 포함하고 있기 때문에 계획을 잘 세워야 한다.

🔽 셔틀버스 65분

10:00 **앙구 유람구 도착**
등산 코스 약 3~4시간 소요 (케이블카 이용 시 약 2시간)

👍 **점심 식사 추천**
앙구 코스 입구의 노천 식당에서 식사를 하거나 산 정상 가까이에 있는 노점에서 과일이나 녹두묵 같은 중국식 간식과 컵라면 등을 먹을 수 있다.

🔽 셔틀버스 50분

13:00 **태청 유람구 도착**
라오산의 대표적인 도교 사원인 태청궁을 둘러보고 케이블카를 이용해 등산을 한다. 등산 소요 시간은 약 1시간.

⬇ 셔틀버스 10분

15:00 **대하동 매표소**
칭다오 시내로 출발

⬇ 버스 1시간 30분

16:30 **칭다오 시내 도착**
운소로 미식 거리 또는 카페와 차 거리의 마사지숍에서 피로를 풀고 저녁 식사

 저녁 식사 추천
❶ 소어촌 해선채관 : 운소로 입구에 있는 대형 레스토랑
❷ 몽골 양구이 : 칭다오 맥주와 잘 어울리는 양꼬치

⬇ 도보 5분

20:00 **숙소 도착 후 휴식**

> **Tip** 새벽부터 일정을 시작하면 앙구 코스에서 앙구 유람구, 태청 유람구 외에도 기반석 유람구까지도 볼 수 있지만 조금은 빠듯한 일정이 된다. 해가 짧은 시기에는 2개 유람구 정도만 보는 것을 추천한다.

타이산
당일치기 여행

'태산이 높다 하되 하늘 아래 뫼이로다.'라는 시구로 익숙한 타이산은 고속 열차로 3시간 거리에 있는 타이안에서 이동한다. 왕복 6시간이 걸리니 타이산을 제대로 보기 위해서는 1박 이상의 일정을 정하는 것이 좋지만, 일정이 여의치 않다면 새벽에 출발해서 저녁에 돌아오는 당일치기 일정으로도 가능하다.

> **Tip 당일 타이산 등반**
> ❶ 당일치기 일정으로 타이산을 오를 예정이라면 등산을 하는 것보다는 버스와 케이블카를 이용해 최대한 빨리 정상에 오르고, 산을 내려오면서 풍경을 감상하는 것이 좋다.
> ❷ 칭다오에서 타이안으로 가는 열차 편수가 많지 않으니 일정에 주의하자. 타이안에서 18:32에 출발하는 열차가 막차이다. (열차 시간은 변동될 수 있음)
>
> | 칭다오 – 타이안 | | 타이안 – 칭다오 | |
> |---|---|---|---|
> | 출발–도착 | 열차편명 | 출발–도착 | 열차편명 |
> | 06:22–09:46 | G284 | 17:12–20:26 | G242 |
> | 07:39–10:53 | G244 | 18:11–21:18 | G316 |
> | 09:07–12:26 | G232 | 18:32–21:41 | G282 |

일정 1 - 셔틀버스 + 케이블카 이용

셔틀버스와 케이블카를 이용하면 등산은 거의 하지 않고, 편하게 정상에 오를 수 있다. 단, 타이산 입장료 외에 셔틀버스, 케이블카 비용이 추가된다.

07:39 **칭다오 역 출발**
고속 열차 G244편 열차

10:53 **타이안 역 도착**

칭다오 역

⊙ 택시로 천외촌으로 이동
(약 20분 / 버스 이용 시 약 40분, 2元)

11:30 **천외촌 매표소에서 타이산 입장료 구입(115元)**

⊙ 셔틀버스 이용 (편도 30元)

12:00 **중천문 버스 정류장 도착**
약 500m 등산

중천문 케이블카

12:30	**중천문 점심 식사**
	⬇ 케이블카 이용 (편도 100元)
13:00	**태산 정상 천가 도착**
14:30	**홍문 코스를 따라 하산**
17:30	**홍문 입구 도착**
	⬇ 택시 이동 (약 20분)
18:11	**타이안 역 출발**
	고속 열차 G316편 열차
21:18	**칭다오 역 도착**

천가

타이안 역

일정 2 - 셔틀버스 이용

중천문까지 셔틀버스를 이용하고, 케이블카를 타지 않고 18반 계단 등 타이산의 하이라이트 코스를 등산하게 된다. 등산 코스는 약 3.5km이며 가파른 계단을 오르게 된다.

06:22	**칭다오 역 출발**
	고속 열차 G284편 열차 (첫차)
09:58	**타이안 도착**
	⬇ 택시로 천외촌으로 이동 (약 20분 / 버스 이용 시 약 40분, 2元)

| 10:30 | 천외촌 매표소에서 태산 입장료 구입(115元) |
| | ⬇ 셔틀버스 이용 (편도 30元) |

천가

11:00	중천문 버스 정류장 도착 약 3.5km 등산
14:00	태산 정상 천가 도착
15:00	홍문 코스를 따라 하산
17:30	홍문 입구 도착
	⬇ 택시 이동 (약 20분)

홍문 코스

| 18:11 | 타이안 역 출발
고속 열차 G316편 열차 |
| 21:18 | 칭다오 역 도착 |

06 Course

타이산 + 취푸
1박 2일 여행

유교의 성인 공자가 살던 마을 취푸는 타이산이 있는 타이안에서 고속 열차로 30분 거리에 있고, 칭다오에서도 3시간 30분 정도면 이동할 수 있다. 칭다오에서 오전에 출발해서 반나절 취푸 관광을 하고, 타이안에서 숙박을 하면 다음 날 오전 일찍부터 타이산을 등반하고 돌아올 수 있다. 칭다오에서 출발하는 1박 2일 일정으로 역사와 문화, 그리고 자연까지 함께 즐기고 올 수 있다.

 Tip 취푸의 고속 열차 정차역은 취푸동 역이다. 취푸 역으로 가는 열차는 일반 열차이기 때문에 소요 시간이 2배 이상 차이가 나니 열차표를 구입할 때 주의하자.

Day 1

칭다오 - 취푸 - 타이안

07:22 칭다오 역 출발
고속 열차 G318편 열차 (07:39 출발, 11:30 도착하는 G244편을 이용할 수도 있다.)

10:46 취푸동 역 도착
⬇ 버스 이용 시 약 45분 (3元),
택시 이용 시 약 30분

11:30 취푸 여행자 센터에서 삼공 공통 입장권 구입(140元)
⬇ 도보 5분

11:35 공묘 관광
⬇ 도보 5분

12:30 공부 입구에서 점심 식사 또는 간식
⬇ 도보 5분

13:05 공부 관광
⬇ 도보 15~20분 (자전거 또는 마차 이용 시 약 5분, 10元)

14:30 공림 관광
⬇ 버스(45분) 또는 택시(35분) 이용

공묘

공부

공림

16:47	**취푸둥 역 출발**
	고속 열차 G242편
17:05	**타이안 역 도착**
	⬇ 택시 이용 약 20분 , 버스 이용 시 약 40분 (2元)
18:00	**호텔 도착 후 저녁 식사와 휴식**

Day 2

타이안 - 타이산 - 칭다오

09:00	**호텔 조식 및 체크아웃 후 짐 보관**
	택시 이용 대묘로 이동
09:30	**대묘 관광**
	홍문 코스 약 8.5km (중간에 유료 케이블카 이용 가능)
10:30	**타이산 등산 시작**
14:30	**타이산 정상 도착 후 천가 관광**
15:30	**도화욕 코스로 하산**
	⬇ 케이블카 (편도 100元)
16:00	**도화욕 여행자 센터 도착**
	⬇ 택시 또는 버스 이용 호텔로 이동
16:30	**호텔에서 맡긴 짐 찾기**
	⬇ 택시 또는 버스 이용
17:12	**타이안 역 출발**
	고속 열차 G242편 열차
20:26	**칭다오 역 도착**

도화욕 코스

도화욕 케이블카

지역 여행

Information

QINGDAO

도시명	칭다오(青岛, Qingdao)
통화	위안(圓, 元 / CNY, RMB)
전압	220V / 50Hz. 별도의 플러그 없이 국내 전자 제품 사용 가능.
면적	칭다오시 총면적 : 10,654km² ※경기도 면적 : 10,171km²
	관광 중심인 시남구市南区 면적 : 30.01km² ※서울시 관악구 면적 : 29.57km²
인구	약 857만 명 / 한국인 교민 수 약 8만 명 (베이징에 이어 두 번째로 많음)
시차	칭다오는 북경 표준시를 사용하며 GMT +8이다. 우리나라는 GMT +9로 칭다오가 우리나라보다 1시간 늦다.
행정 구역	중국 산둥성의 17개의 시 중의 하나. 칭다오시에는 6개의 구와 4개의 현급시가 있다. 6개의 구 중에서 시남구가 여행자들이 가장 많이 찾는 지역으로, 대부분의 관광지가 모여 있다. 공항에서 가까운 청양구城陽区는 중국과 수교 이후 한국 기업들이 진출하면서 많은 교민들이 거주하는 지역이다.

〈칭다오 주변국〉　　　　　　　　　　　　　〈칭다오〉

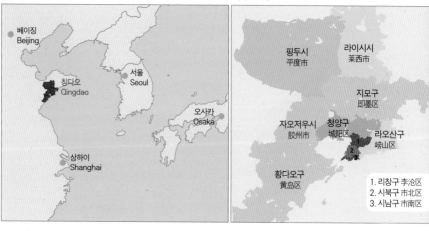

도시 개요

산둥 반도의 남단에 위치한 중국의 대표적인 관광, 휴양 도시로 삼면이 바다와 맞닿아 있으며 산과 바다가 모두 공존한다. 독일 조계지 시절로 인해 독특한 분위기를 가지고 있어, 중국 속 작은 유럽이라 불리기도 한다. 칭다오시의 면적은 약 11,000km²으로 우리나라의 경상남도 면적과 비슷하다. 칭다오의 인구는 약 850만 명인데 이 중 한국인 교민, 주재원, 유학생의 수는 8만여 명으로 중국에서 베이징 다음으로 많은 한국인이 거주하고 있는 곳이다. 우리나라와 중국이 수교를 맺은 1992년 이전인 1989년부터 우리나라 기업이 진출한 곳이 바로 칭다오이며, 1992년 이후 많은 기업이 칭다오에 진출하게 되었다.

칭다오시는 7개의 구区와 3개의 현급시县级市로 구성되어 있다. 도심 지역은 시남구 市南区(스난구), 시북구市北区(스베이구), 라오산구崂山区, 리창구李沧区 4개의 구가 있다. 이 중 여행자들이 찾는 관광지와 맛집 등은 대부분 시청 소재지인 시남구와 시북

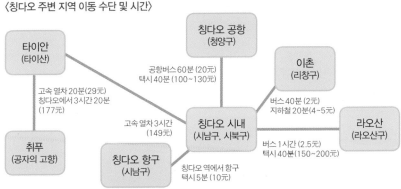

〈칭다오 주변 지역 이동 수단 및 시간〉

타이안
(타이산)

칭다오 공항
(청양구)

이촌
(리창구)

공항버스 60분 (20元)
택시 40분 (100~130元)

고속 열차 20분(29元)
칭다오에서 3시간 20분
(177元)

버스 40분 (2元)
지하철 20분(4~5元)

고속 열차 3시간
(149元)

칭다오 시내
(시남구, 시북구)

라오산
(라오산구)

취푸
(공자의 고향)

칭다오 항구
(시남구)

버스 1시간 (2.5元)
택시 40분 (150~200元)

칭다오 역에서 항구
택시 5분 (10元)

구에 모여 있다. 근교의 황다오구黃島区는 칭다오 경제 기술 개발구이고, 청양구城阳区는 칭다오에 진출한 한국 기업들이 많아 자연스레 많은 교민들이 거주하고 있다. 또한 2017년 10월에 시에서 구로 승격된 지모구郎墨区가 있다.

7개의 구 외에 현급시는 자오저우시胶州市, 핑두시平度市, 라이시시莱西市가 있다.

칭다오는 중국 동부 해안에서 가장 중요한 경제, 정보, 금융, 화물의 중심지이며 황하강의 유역에서 바다로 향하는 최대의 출입구다. 베이징 올림픽 기간 중 해양 스포츠가 열리게 되면서 호텔과 교통 등 다양한 관광 자원을 갖추게 되었다. 오래전부터 서양과 교류하면서 지어진 건물을 비롯한 볼거리가 풍부하며, 겨울과 여름에 추위나 더위가 심하지 않아 골프 여행을 즐기는 여행자도 많다. 고속 열차의 개통으로 공자의 마을인 취푸, 중국의 대표적인 산인 타이산 등을 찾아가기에도 좋다. 무엇보다 칭다오는 항공료와 호텔비가 저렴하여 비용 부담없이 여행을 떠나기 좋다.

역사적 배경	칭다오는 신석기 시대부터 시작되는 긴 역사를 갖고 있으며, 춘추시대 칭다오 지역은 제나라에 속해 고대 중국의 5대 항구 도시 중 하나로 번성했다. 진나라의 진시황은 중국 통일 후 불로초를 찾기 위해 칭다오 자오난시(교남시) 랑아대琅琊台에 3번이나 직접 방문을 했다. 또한 진

시황의 명을 받은 서복은 선단을 이끌고 랑아대를 출발해 우리나라와 일본으로 불로초를 찾으러 가기도 했다. 한나라 무제는 지금 우리나라 교민이 많이 사는 청양 가까이의 라오산 북서쪽 기슭에 9개의 사당을 지어 선조에 제사를 지냈다.

19세기 제국주의 국가들의 세력이 넓어지자 청나라 왕조에서 1891년 방어 시설을 설치하면서 칭다오의 근대 문명이 시작되었다. 하지만 1897년 산동성 서부의 거야현에서 독일인 선교사가 살해되는 사건을 계기로 독일 해군이 칭다오를 점령하고, 다음 해 3월부터 99년간 칭다오는 독일의 조차지가 되었다. 이후 제1차 세계 대전에서 독일이 패한 뒤 1914년부터 일본이 독일의 권익을 계승하게 되었으나 1919년 일어난 5·4 운동을 계기로 1922년에 다시 중국으로 반환되었다. 하지만 제2차 세계 대전 중에 일본이 1937년에 다시 칭다오를 점령했다. 군사의 요지였기 때문에 반복되는 침략의 시기를 보냈지만, 이 기간에 남겨진 서양식 건물은 지금 칭다오의 가장 중요한 관광 자원 중 하나다.

2008년에는 베이징 올림픽의 요트 경기가 칭다오에서 개최되면서 선수와 기자단을 위한 고급 호텔이 들어서고, 관광객을 위한 편의 시설을 대폭 확대하면서 중국의 어느 도시보다 여행하기 편한 도시가 되었으며, 고속 열차의 개통으로 다른 도시로의 접근성도 대폭 개선되었다. 그뿐만 아니라 2016년 겨울 칭다오 시내 지하철이 개통되어 여행하기가 보다 쉬워졌다.

기후	칭다오는 온대 몬순 기후와 해양성 기후의 특징을 함께 갖고 있다. 가장 더운 7월과 8월의 여름에도 30도를 넘는 경우가 많지 않으며, 바람이 많이 불어 휴양을 즐기기 좋다. 4~7월은 우리나라의 봄 날씨와 비슷하고, 9~11월 중순까지는 가을, 11월 중순부터 3월까지는 겨울이다. 겨울이 되더라도 영하 5도 이하로 내려가는 경우는 많지 않지만, 바다와 가깝기 때문에 바람이 많이 분다. 늦은 봄과 이른 가을의 맑은 날에는 반소매만, 흐린 날이나 저녁 시간에는 바람이 차기 때문에 긴팔 또는 바람막이를 준비하는 것이 좋다.

기온(℃) \ 월	1월	2월	3월	4월	5월	6월	7월	8월	9월	10월	11월	12월
평균 최고 기온	3	5	9	15	20	24	27	28	26	20	12	6
평균 최저 기온	-3	-2	2	8	13	18	22	23	19	13	6	-1

중국의 공휴일	중국은 공휴일에 따라 음력, 양력을 사용하기 때문에 공휴일이 매년 조금씩 바뀔 수 있다. 가장 큰 공휴일은 춘절과 국경절이다. 춘절과 국경절에 여행을 하면 사람이 많지 않아 번잡하지 않고, 사진을 찍기 좋다는 장점은 있지만 일부 음식점들이 문을 닫

고, 대형 슈퍼마켓의 영업 시간이 단축되는 등의 불편함도 있다. 또한 공휴일에는 계속해서 폭죽을 터뜨리기 때문에 호텔에 따라 다소 시끄러울 수도 있다.

2020년 공휴일

구분	날짜	휴가 일수	휴가 기간	기타
원단元旦	양력 1월 1일	1일	1월 1일	한국의 신정
춘절春节	음력 1월 1일	7일	1월 24일~1월 30일	한국의 구정
청명절清明節	양력 4월 5일 전후	3일	4월 4일~4월 6일	한국의 한식
노동절劳动节	양력 5월 1일	5일	5월 1일~5월 5일	
단오절端午节	음력 5월 5일	3일	6월 25일~6월 27일	
중추절中秋节 + 국경절国庆节	양력 10월 1일 (음력 8월 15일)	8일	10월 1일~10월 8일	

화폐

중국의 화폐 단위는 위안(元)이며 세계 통화 기준에 따른 공식 표기는 CNY다. 중국 현지에서는 CNY보다 중국 발음인 런민비(인민폐, 人民幣)의 약자인 RMB라 표기한 것을 자주 볼 수 있다. 또한 지폐에는 위안의 한문 표기를 圓이라 쓰고 있지만, 중국 현지에서는 대부분 元으로 표기하고

위안의 모든 지폐 앞면 그림은 마오쩌둥

있고, 실생활에서 말할 때는 块(콰이)라고 하는 경우도 있다. 또한 元의 1/10 단위인 角(쟈오, Jiao)도 있다. 위조지폐가 많기 때문에 상점에서 계산할 때 5元부터 위폐 감식기를 사용하는 모습을 볼 수도 있다.

자오(角)는 1980년에 도입된 화폐 디자인을 지금까지 그대로 사용하고 있는데, 조선족이 그려져 있는 2角 지폐는 흔치 않으니 기념으로 보관하는 것도 좋다.

5위안 뒷면 : 태산(泰山, 타이산)이 그려져 있다.

자오 : 조선족이 그려져 있는 2角(자오)

위안은 1999년도에 새롭게 발행되기 시작한 지폐를 사용한다. 1元, 5元, 10元, 20元, 50元, 100元으로 6종류가 있으며 모든 지폐에 마오쩌둥의 초상화가 그려져 있는 것이 흥미롭다. 각 지폐의 뒷면에는 중국의 유명 관광지가 그려져 있다. 5元짜리 지폐에는 산동성의 태산(타이산)이 그려져 있는데, 5개의 험한 산(오악) 중 최고라는 뜻의 '오악독존'이라 쓰인 비석까지 섬세하게 표현하고 있다.

인터넷

중국 정부의 정책 때문에 구글과 페이스북을 사용할 수 없다는 것을 빼면 칭다오의 인터넷 환경은 좋다. 대부분의 호텔에서 유선 인터넷은 물론 와이파이를 이용할 수 있으며, 일부 카페에서도 와이파이 서비스를 제공한다. VPN 접속 프로그램을 이용해 우리나라의 가상 IP를 이용하면 중국 정부에서 차단하고 있는 구글, 페이스북 등을 이용할 수도 있다. 하지만 이러한 접속 프로그램은 수시로 사용이 중단되기 때문에 여행 중 필요하다면 검색을 통해 최신 프로그램을 이용해야 한다.

데이터 로밍

여행 기간이 장기간이라면 중국 현지의 심카드를 이용하는 것이 저렴하지만, 단기간의 여행이 대부분이기 때문에 데이터 이용을 원한다면 무제한 데이터 로밍을 신청하는 것이 좋다. 3G를 기준으로 24시간 1만 원 정도이며, 2016년부터는 칭다오 지역에서 LTE 데이터 로밍 서비스도 시작되었다. 여러 명이 함께 이용할 수 있는 에그(라우터)의 경우는 통신사에서도 추천하지 않을 만큼 접속이 되지 않는 지역이 많은 편이다.

비상시 연락처

대한민국 국민으로 해외에서 사건과 사고 또는 긴급한 상황에 처했을 때 도움을 요청할 수 있는 곳은 우리나라 대사관, 영사관 등의 재외 공관이다. 특히 여권을 분실했다면, 여행자 증명서 또는 여권을 재발급받기 위해 대사관 또는 영사관의 영사과에 방문해야 한다. 칭다오 시내에 영사관이 있지만, 혹시 방문이 어렵다면 24시간 운영되는 영사 콜 센터를 이용하면 된다.

주 칭다오 대한민국 총영사관 韩国驻青岛总领事馆

주소 山东省 青岛市 城阳区 春阳路 88号 **업무시간** 09:00~17:30(정오 휴식 12:00~13:30)
전화 0532-8897-6001, 0532-8399-7770(사건 · 사고 담당) **근무 시간 외 한국인 사건,
사고 담직용 휴대폰** 0186-6026-5087 **홈페이지** chn-qingdao.mofa.go.kr/korean/as/
chn-qingdao/main/index.jsp

항공

인천 ➡ 칭다오 매일 16편 이상, 비행 시간 1시간 25분

인천 공항(ICN)에서 칭다오(TAO) 류팅 공항까지 항공 소요 시간은 1시간 20분이며, 하루 16편 이상의 항공편이 운항 중이다. 우리나라 저가 항공사로는 티웨이항공(TW), 제주항공(7C)이 운항하고 있으며, 국적기는 아시아나(OZ)와 대한항공(KE), 중국계 항공사인 에어차이나(CA), 동방항공(MU), 산둥항공(SC)이 운항하고 있다. 오전 8시대 출발편부터 오후 9시대 출발편까지 다양한 스케줄을 선택할 수 있다.

부산 ➡ 칭다오 매일 2편, 비행 시간 1시간 55분

부산 김해 공항(PUS)에서 칭다오 류팅 공항까지 항공 소요 시간은 1시간 55분이며, 대한항공(KE)과 에어부산(BX)이 각각 한 편씩 운항하고 있다. 에어부산 출발 시간 오전 10:30, 대한항공 출발 시간 10:55으로 스케줄이 제한적이지만 대한항공의 경우 부산에서 출발하고, 인천으로 돌아와서 국내선을 이용하거나 그 반대의 루트를 이용해 어느 정도 스케줄의 다양성을 확보할 수 있다.

인천 공항 Incheon International Airport / ICN
전화 1577-2600 **홈페이지** www.airport.kr/pa/ko/d/index.jsp

김해 공항 Gimhae International Airport / PUS
전화 1661-2626 **홈페이지** www.airport.co.kr/gimhae/main.do

칭다오 류팅 공항 Qingdao Liuting International Airport / TAO
전화 053-96567 **홈페이지** www.qdairport.com/control/main

칭다오 류팅 공항에 도착하기 약 20분 전, 바다를 건넌 비행기 아래로 칭다오의 명산 라오산의 기암괴석이 보인다.

항공사와 스케줄에 따라 게이트에서 버스를 이용한 후 탑승하는 경우도 있다.

칭다오 류팅 공항

류팅 공항에서 시내로 이동하기

칭다오시 청양구에 있는 칭다오 류팅 공항에서 시내(시남구, 시북구)까지는 약 30km 정도 떨어져 있다. 도착 로비에 가면 불법 영업하는 차량의 호객 행위가 많은데, 안전을 위해서 공식 공항버스와 택시를 이용하는 것이 좋다. 공항 도착 로비인 1층에서 공항버스를 이용하거나, 지하 1층에서 택시를 이용하면 시내까지 이동할 수 있다.

공항버스 티켓 판매소는 여객 터미널 실내에 있다.

◈ 공항버스

입국 심사장을 나와서 오른쪽, 국내선 방향으로 이동하면 공항버스 티켓을 판매하는 곳이 있다. 공항버스는 4개의 노선이 있으며, 여행자들이 주로 이용하는 노선은 신시가(5·4 광장)로 가는 701번 버스와 구시가(칭다오 역)로 가는 702번 버스다. 703번은 칭다오 신시가의 동부 지역으로 이동하고, 705번은 황다오 지역으로 이동한다. 공항버스표를 구입 후 밖으로 나가면 바로 정면에서 버스를 탑승할 수 있다. 공항버스 정류장 플랫폼에는 노선 안내 표지가 잘 되어 있다.

전화 0532-8480-6788 **요금** 701, 702, 703번은 20元, 705번은 40元 / 130cm 이상 어린이 10元, 130cm 미만 어린이 무료

버스 탑승 장소는 티켓 판매소에서 밖으로 나가면 바로 앞에 있다.

수하물을 맡길 때, 내리는 장소를 확인한다.

칭다오로 이동하기

🚌 701번 공항(机场, Airport) ➜ 부신빌딩(府新大厦,푸씬따샤)

우리나라 여행자들이 가장 많이 이용하는 노선으로 신시가의 까르푸 정류장을 지나 부신빌딩(5·4광장, 완상청)까지 이동한다.

운행 시간
공항에서 시내까지 07:30~19:00 (30분 간격 운행/ 막차 시간 및 마지막 항공편 시간에 따라 추가될 수 있음)
시내에서 공항까지 05:10, 05:55~21:25 (30분 간격 운행)
※ 08:55~21:25 버스는 그랜드 리젠시 호텔(丽晶大酒店) 경유

🚌 702번 공항(机场, Airport) ➜ 칭다오 기차역(火车站, Qingdao Train Station) / 소요 시간 70분

공항에서 중산로를 지나 칭다오 기차역까지 운행한다. 공항의 안내 표지판에는 영어로 'Qingdao Train Station'이라고 되어 있다.

운행 시간
공항에서 시내까지 07:15~23:45 (30분 간격 운행)
시내에서 공항까지 04:05~21:30 (30분 간격 운행)

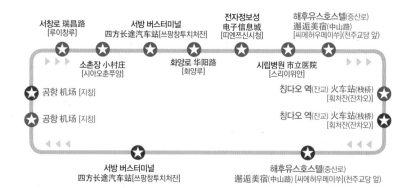

▶ 택시

입국 심사장을 나와서 오른쪽, 국내선 방향으로 이동하다 보면 지하 1층의 'Taxi Stand' 안내 표지판이 보인다. 지하 1층으로 내려가면 공항에서 정식 허가를 받고 운행하는 택시를 이용할 수 있다. 택시 안내원에게 목적지를 알려 주면 기사에게 대신 이야기해 주기 때문에 언어의 불편함도 줄일 수 있다. 택시 이동 소요 시간은 30~40분 정도이며 요금은 100~130元이다.

Taxi Stand 표지판을 따라서 지하로 내려가면 공인 택시를 편리하게 이용할 수 있다.

1 지하로 내려가서 Airport Bakery 표지판이 보이는 방향으로 이동하면 된다.
2 택시 안내원에게 목적지를 알려 주면 된다. 영어를 할 수 있는 안내원도 있다.
3 택시로 공항으로 이동할 때는 호텔의 벨보이, 컨시어지에게 부탁을 하면 편리하다. 공항 출발층에 도착한다.

페리

항공편 외에도 인천항에서 선박을 이용해 칭다오에 갈 수도 있다. 최근 저가 항공사가 취항하면서 항공편에 비해 크게 저렴하다고는 할 수 없지만, 항공에 비해 많은 수하물을 가져갈 수 있고, 크루즈 여행의 기분을 즐길 수도 있다.

객실

온천 시설

600여 명을 수용할 수 있는 위동 페리는 다양한 객실과 뷔페식 식당, 면세점, 편의점, 목욕탕 등의 시설이 있으며, 매일 밤 공연과 불꽃놀이 이벤트를 진행하기도 한다. 소요 시간은 16시간 정도다.

위동항운 Weidong Ferry
전화 032-770-8000 **홈페이지** www.weidong.com/index.do

▶ 한국 출국 시
터미널 도착 15:00까지 – 탑승 수속 16:00~16:30 – 인천 출항 18:00(화, 목, 토) – 칭다오 입항(다음 날 09:00)

인천항 찾아가기
주소 인천광역시 중구 인중로 147, 제2 국제 여객 터미널
지하철 수인선 신포 역 하차, 1번 출구
택시 동인천 역 택시 승강장에서 5분 소요, 인천 고속버스 터미널에서 30분 소요
버스 동인천 버스 정류장(대한 서림 방향)에서 9, 23, 24, 72번 버스 이용

▶ 중국 출국 시
터미널 도착 14:00까지 – 탑승 수속 14:30~15:00 – 칭다오 출항 17:30(월, 수, 금) – 인천 입항(다음 날 11:00)

칭다오항 찾아가기
주소 山东省 青岛市 北区 港洲路 1号 青岛港 客运站 1楼
택시 칭다오 역에서 5분 소요, 구시가지에서 10~15분 내에 이동 가능

🚌 칭다오 시내 교통

2016년 12월 칭다오 시내에 지하철이 개통되면서 대중교통 이용이 더욱 편리해졌다. 현재 총 4개의 노선 중 시내 중심지를 지나는 노선은 2개이며, 주요 관광지를 지하철을 이용해 이동할 수 있다. 맥주 박물관이나 지모루 시장 등 일부 지하철로 이동할 수 없는 곳은 버스와 택시를 이용해야 하는데, 우리나라 택시비에 비하면 부담스러운 가격은 아니다.

◉ 시내버스

시내버스는 버스 노선에 따라 1元, 2元 버스가 있다. 시내에서 시외로 가는 버스는 운전기사 외에도 승무원이 있으며, 차내에서 승무원에게 목적지를 말하고 요금을 내기도 한다. 우리나라 여행자들이 많이 이용하는 라오산으로 가는 버스에도 승무원이 있다. 버스를 타면서 요금통에 1元 또는 2元이 적혀 있으면 그 요금만 내면 된다. 각 정류장마다 노선도가 잘 되어 있지만 한자로만 표기되어 있기 때문에 주요 관광지의 한자 표기는 알고 있어야 버스를 이용하기가 편리하다. 데이터 로밍을 이용한다면 바이두 지도 활용법(p.246)을 이용하면 보다 쉽게 버스를 이용할 수 있다. 거스름돈은 주지 않으니 1元, 2元을 미리 준비해 두자.

버스 청류장

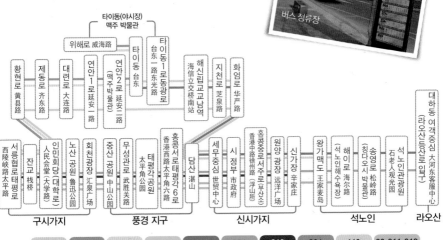

	1	307	25	104	304	316	321	110	26, 311, 312
버스 요금	1元	1元	1元	2元	2元	1元	2元	2元	2元
노선	구시가 ~타이동	구시가 ~타이동	구시가 ~타이동 ~신시가	타이동 ~신시가 ~석노인 ~라오산	구시가 ~신시가 ~라오산	구시가 ~신시가 ~풍경구 ~신시가	구시가 ~풍경구 ~신시가 ~석노인	타이동 ~신시가 ~석노인	구시가 ~신시가
운행 시간	04:40 ~22:25	05:30 ~21:30	06:00 ~23:15	06:08 ~19:58	06:00 ~18:40	06:00 ~23:15	05:20 ~21:00	08:00 ~15:30	06:00 ~22:30
배차 간격 (피크 타임)	3~5분 (1~3분)	6~10분 (1~3분)	8~10분 (4~6분)	20~40분 (10~20분)	15~20분 (8~10분)	8~10분 (4~6분)	8~10분 (4~6분)	30~40분 (30~40분)	6~10분 (1~3분)

71

▶ 택시

칭다오의 택시는 일반 택시와 검정색 고급 택시 두 가지가 있다. 일반
택시의 기본요금은 10元/3km이고, 기본요금 이후 3~6km까지는
2元/km이며, 6km 이후부터는 2元/km이다. 신시가의 5·4 광장에서
구시가의 칭다오 역, 잔교까지 약 25~30元이 나오며 출퇴근 시간에는
교통 체증으로 조금 더 요금이 나올 수 있다. 22시부터 다음 날 05시까지는 할증요금이
붙는데, 기본요금은 동일하지만 3~6km는 1.8元/km, 6km 이후부터는 2.4元/km이다. 검정색 고급 택시
의 경우는 기본요금 12元/3km, 기본요금 이후에는 2.5元/km이다.
택시 승차 거부와 부정 요금은 많지 않은 편이지만, 미터기의 요금이 올라가지 않는다면 운전기사에게 미터
기를 켜라고 이야기하자. 미터기가 잘 보이지 않는 곳에 있는 택시도 많은 편이다.

请打开电表 [Qǐng dǎkāi diànbiǎo]
미터기 켜 주세요. [칭 다카이 띠엔삐아오]

▶ 지하철

현재 칭다오는 2호선, 3호선, 11호선, 13호선 총 4개의 노선이 완공되었고,
계속해서 노선 확장 공사를 진행 중이다. 다만 11호선은 라오산구, 13호선은
황다오구를 각각 운행하고 있기 때문에, 실제로 칭다오를 방문하는 여행자들
은 칭다오 시내를 관통하는 2호선과 3호선, 이 두 노선을 주로 이용하게 될 것
이다. 3호선이 잔교, 중산 공원, 팔대관, 태평각 공원, 5·4 광장 등을 정차하며
칭다오 구시가지와 신시가지를 이어 주는 역할을 하기 때문에 가장 유용하며,
2호선은 맥주 박물관과 타이동 보행자 거리, 5·4 광장, 석노인 해수욕장 등
을 방문할 때 이용할 수 있다. 지하철 요금은 2元부터 시작하고 거리에 따라
5元까지 나올 수 있다. 티켓은 자판기를 이용해 구입하면 되고, 자판기의 구
입 화면은 영어로 선택해서 볼 수도 있다. 자판기는 1元짜리 동전과 5元, 10
元 지폐만 사용할 수 있으며, 안내 센터에서 지폐를 교환할 수 있다. 충전식 카드는 현지인들만
사용할 수 있다.

요금 시내 구간 2~5元

티켓 자판기 이용하기

❶ ENGLISH 버튼을 누르면 영어 화면으로 바뀌며, 지하철 노선도의 역을 터치하거나 요금 버튼을 터치하면 다음 화면으로 넘어간다. 우측 하단의 Add Value 버튼은 현지인들이 사용하는 교통카드 충전 버튼이다.

❷ 목적지에 따른 금액이 계산되어 나오며, 오른쪽의 매수를 터치하면 한 번에 9장까지 구입할 수 있다.

❸ 요금을 넣으면 처리 중 화면이 나온 후 거스름돈과 티케이 나온다. 티켓은 카드 형식으로 되어 있고, 지하철 역을 나갈 때 반납하게 된다.

❹ 지하철을 탈 때도 보안 검사를 한다. 가방의 내용물을 확인하고, 액체류는 꺼내서 따로 검사를 하기도 한다.

❺ 개찰구는 카드를 터치하면 열린다. 칭다오 지하철은 스크린도어가 잘 갖추어져 있고, 차량 내부는 칭 다오 바다와 산 등의 테마로 꾸며져 있다. 개찰구를 나갈 때는 투입구로 카드를 넣어야 한다. 여행 기념품으로 가져갈 수 없다.

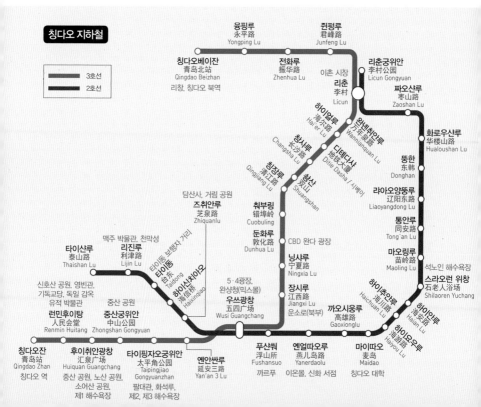

칭다오 지하철

- 3호선
- 2호선

융핑루 永平路 Yongping Lu

쮠펑루 君峰路 Junfeng Lu

칭다오베이잔 青岛北站 Qingdao Beizhan 리창, 칭다오 북역

전화루 振华路 Zhenhua Lu

이촌 시장 리춘 李村 Licun

리춘궁위안 李村公园 Licun Gongyuan

짜오샨루 枣山路 Zaoshan Lu

하이얼루 海尔路 Hai'er Lu

완녠취안루 万年泉路 Wannianquan Lu

화로우샨루 华楼山路 Hualoushan Lu

창사루 长沙路 Changsha Lu

디테다샤 世茂大厦 / 시뮤이 Dirte Dasha

뚱한 东韩 Donghan

칭장루 清江路 Qingjiang Lu

쐉샨 双山 Shuangshan

라야오양뚱루 辽阳东路 Liaoyangdong Lu

담산사, 거림 공원 즈취안루 芝泉路 Zhiquanlu

춰부링 错埠岭 Cuobuling

통안루 同安路 Tong'an Lu

맥주 박물관, 천막성 리진루 利津路 Lijin Lu

둔화루 敦化路 Dunhua Lu

CBD 완다 광장

마오링루 苗岭路 Maoling Lu

타이샨루 泰山路 Thaishan Lu

타이둥 台东 Taidong

닝샤루 宁夏路 Ningxia Lu

석노인 해수욕장 스라오런 위창 石老人浴场 Shilaoren Yuchang

타이룽 보행자 거리 하이신챠오 海信桥 Haixinqiao

5·4광장, 완상청(믹스몰)

장시루 江西路 Jiangxi Lu 운쇼루(북부)

하이쭈이루 海川路 Haichuan Lu

신호산 공원, 영빈관, 기독교당, 독일 감옥 유적 박물관 런민후이탕 人民会堂 Renmin Huitang

중산 공원 중산궁위안 中山公园 Zhongshan Gongyuan

우쓰광창 五四广场 Wusi Guangchang

까오시웅루 高雄路 Gaoxionglu

하이안루 海岸路 Hai'an Lu

하이요우루 海游路 Hanyou Lu

칭다오잔 青岛站 Qingdao Zhan 칭다오 역

후이취안광창 汇泉广场 Huiquan Guangchang 중산 공원, 노산 공원, 소어산 공원, 제1 해수욕장

타이핑자오궁위안 太平角公园 Taipingjiao Gongyuanzhan 팔대관, 화석루, 제2, 제3 해수욕장

옌안싼루 延安三路 Yan'an 3 Lu

푸샨쒀 浮山所 Fushansuo 까르푸

옌얼따오루 燕儿岛路 Yanerdaolu 이온몰, 신화 서점

마이따오 麦岛 Maidao 칭다오 대학

칭다오 여행의 시작

구시가지

旧市街地

중산로를 중심으로 하고 있는 구시가는 100여 년 전 독일이 칭다오를 점령하면서부터 조성된 곳이다. 초록색 칭다오 맥주병 한가운데 있는 파란 마크에 그려진 잔교가 있는 곳이 바로 구시가다. 잔교를 시작으로 중산로를 걷다 보면 거리 곳곳에서 칭다오의 옛 모습을 간직한 유럽식 건물과 마주할 수 있다. 또한 구시가에 있는 신호산 공원이나 소어산 공원에 오르면 칭다오 구도심의 전경과 함께 유럽 양식의 건축물이 인상적인 도시의 모습도 한눈에 조망할 수 있다. 구시가는 유럽의 향기를 물씬 풍기는 곳이기도 하

지만 지모루 시장과 피차이위엔 꼬치 거리와 같
이 중국스러운 모습도 간직하고 있어서 중국의
전통과 유럽의 고풍적인 분위기를 동시에 느낄
수 있는 곳이다. 맛있는 음식을 먹으며 가볍게
구시가를 돌아보다가 해가 떨어지면 잔교에
서 야경을 감상하는 것도 구시가에서 빼놓을
수 없는 즐길거리다.

위치

❶ 칭다오 공항에서 702번 공항버스 이용하여 약 1시간 / 20元
　※ 종점은 칭다오 역이며 버스 노선도에는 기차역(火车站)으로 표시되어 있다.
❷ 5·4 광장에서 지하철로 14분 / 3元
❸ 칭다오 역에서 도보 이동 시 10~30분 소요

칭다오 전도

이촌 시장,
공항 방향

青岛北岭山森林公

瑞昌路

金华路

南昌路

南丰路

重庆南路

环清路

杭胶南架路

문화 공원
文化公园

拉胶高架路

르 메르디앙
青岛万达艾

H
敦化路

잉커우루 농산물 시장
营口路农贸市场

칭다오항 여객 터미널
青岛港客运站

S

칭다오 맥주 박물관
青岛啤酒博物馆

S
CBD 완다 광장
CBD 万达广场

도로 교통 박물관
道路交通博物馆

H

징위안 아트 체인 호텔
京苑连锁艺术酒店
德国风情街店

胶宁高架路

지모루 시장
即墨路小商品市场

S

관상산 공원
观象山公园

칭다오산 공원
青岛山公园

칭다오 기차역
青岛站

중산로
中山路

신호산 공원
信号山公园

중산 공원
中山公园

칭다오 역
青岛站

东海西

5 4 광장
五四广场

잔교
栈桥

中苑旅游码头

소청도 공원
小青岛公园

팔대관 풍경 지구
八大关风景

구시가지

太平角

76

라오산 방향 →

军人超市

大拇指广场

칭다오시 박물관
青岛市博物馆

김밥천국
包饭天国

금석 박물관
金石博物馆

석노인 해수욕장
石老人海水浴场

하얏트 리젠시
Hyatt Regency

칭다오 리양유(석노인점)
青岛良友(石老人店)

부산
浮山

칭다오 도시계획 전시관
青岛 规划展览馆

마켓 카페
Mrket Café

이스 칭다오 닝샤 호텔
必思青岛宁夏路酒店

조소 예술관
雕塑艺术馆

극지해양세계
极地海洋世界

석노인 해수욕장 일대

인터콘티넨탈 칭다오
海尔洲际酒店

海情大酒店

신시가지

올림픽 요트 박물관
奥帆博物馆

1km

구시가지

독일 풍물 거리
德国风情街

시장사로
市场四路

시장이로
市场二路

시장삼로
市场三路

지모루 시장
即墨路小商品市场

이촌로
李村路

강녕회관
江宁会馆
왕저소고(피차이위엔점)
王姐烧烤
유향거
幽香居
십마로 식품점
什么老食品店

즉묵로
即墨路

789센 커피
789SEN Coffee
KFC

피차이위엔
劈柴院
해빈 식품
海滨食品

청도카이웨국제청년여관
Qingdao Kaiyue International
Youth Hostel

춘화루
春和楼

타미보이 커피
汤米男孩
왕저소고
王姐烧烤

천진로
天津路

사방로
四方路

보정로
保定路

오박유특국제청년여사
Old Observatory Youth Hostel Qingdao

관상산 공원
观象山公园

Dagu Rd.
大沽路

소울 디저트
Soul Dessert
중국극원 정류장
中国剧院

항공쾌선주점 정류장
航空快线酒店

천우천심
千遇千寻
맥도날드
KFC

바리스타 MIC
Barista MIC

천주교당
天主教堂

관해산
公园

기독교
基督教

티안과 투가 만날 때
田小曼遇见土老爷

라오서 공원
老舍公园

Ministop
편의점

삼합원수교
三合园水饺

홍옥
红屋
(湖北路店)

가목 미술관
嘉木美术馆

독일 총독부 유적
胶澳总督府旧址

칭다오 기차역
青岛站

양우서방
良友书坊
칭다오 우전 박물관
青岛邮电博物馆

칭다오 천후궁
青岛天后宫
칭다오 민속관
青岛民俗馆

맥도날드

이선생 우육면
李先生 牛肉面

잔교 프랑스 호텔
栈桥王子饭店

오션와이드 엘리트 호텔
泛海名人酒店

독일 감옥 유적 박물
德国监狱旧址博物

잔교
栈桥

회란각
回澜阁

青岛海关大厦
Qingdao Customs Mansion

八大峡广场
Badaxia Plaza

소청도 공원
小青岛公园

78

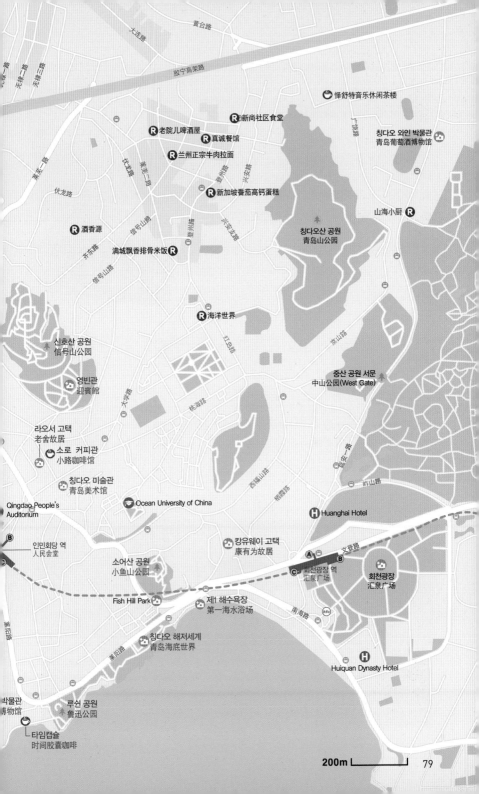

怿舒特音乐休闲茶楼 Ⓡ

Ⓡ新尚社区食堂

칭다오 와인 박물관
青岛葡萄酒博物馆

老院儿啤酒屋 Ⓡ

Ⓡ 真诚餐馆

兰州正宗牛肉拉面 Ⓡ

山海小厨 Ⓡ

Ⓡ 新加坡番茄高钙蛋糕

칭다오산 공원
青岛山公园

Ⓡ 酒香源

满城飘香排骨米饭 Ⓡ

Ⓡ 海洋世界

중산 공원 서문
中山公园(West Gate)

신호산 공원
信号山公园

영빈관
迎宾馆

라오서 고택
老舍故居

소로 커피관
小路咖啡馆

칭다오 미술관
青岛美术馆

Ocean University of China

Huanghai Hotel Ⓗ

Qingdao People's
Auditorium

Ⓑ

인민회당 역
人民会堂

캉유웨이 고택
康有为故居

Ⓐ Ⓗ
文登路

소어산 공원
小鱼山公园

Ⓒ 회천광장 역
汇泉广场

회천광장
汇泉广场

Fish Hill Park

제1 해수욕장
第一海水浴场

南海路

KFC

칭다오 해저세계
青岛海底世界

莱阳路

박물관
博物馆

루쉰 공원
鲁迅公园

Huiquan Dynasty Hotel Ⓗ

타임캡슐
时间胶囊咖啡

200m |_____|

Best Course

구시가의 관광지는 대부분 도보로 이동할 수 있다. 여
행 동선을 크게 중산로를 따라 북쪽으로 가는 코스와
해안을 따라 서쪽으로 가는 코스로 나눌 수 있는데, 계
속 걷게 되는 코스이기 때문에 하루 동안 구시가 전부
를 둘러보려면 택시를 한두 번 정도 이용하는 것이 좋다.
중산로를 따라 북쪽으로 가면 천주교당, 피차이위엔, 지모루
시장, 독일 풍경 거리가 있고, 해안을 따라 서쪽으로 가면 신
호산 공원, 소어산 공원과 유럽식 건물들이 모여 있는 지역을
보게 된다.

| 칭다오 역 | 도보 10분 | 잔교 | 도보 15분 | 칭다오 천주교당 | 도보 7분 | 피차이위엔 (점심 식사) | 도보 15분 | 지모루 시장 |

도보 10분

| 칭다오 역 | 도보 + 지하철 10분 | 칭다오 미술관 | 도보 5분 | 영빈관 | 도보 5분 | 신호산 공원 | 택시 10분 (10元) | 도로 교통 박물관 |

잔교

칭다오 역 青岛站 [칭다오 잔]

고속 열차로 도시 간 이동

1901년 독일과 영국의 기술로 지어진 칭다오 철도
의 종착역이다. 오랜 기간 큰 변화 없던 칭다오 역이
2008년 올림픽을 준비하면서 많은 이용객이 불편
함이 없도록 지하 이동 통로를 만들었다. 공자의 자
취가 남겨져 있는 취푸, 중국 최고 명산 중 하나인

타이산을 가기 위해 고속 열차를 이용한다면 칭다
오 역 지하 통로의 진면목을 볼 수 있다. 한국인 주
재원, 교민들이 많이 사는 청양에서 고속 열차를 이
용하기 위해서는 칭다오 역보다 칭다오 북역으로
이동하는 것이 편하며, 지하철로 이동할 수도 있다.

칭다오 역 青岛站
주소 青岛市 市南区 泰安路 2号 / 2 Tai An Lu, Shinan
Qu 위치 ❶ 지하철 3호선 칭다오 역의 기점, 5·4 광장에
서 지하철로 14분 / 3元 ❷ 칭다오 기차역(火车站), 칭다
오 역(青岛站) 정류장에서 하차 ❸ 잔교에서 도보 약 10분
칭다오 북역 青岛北站
주소 青岛市 市沧区 李沧区 静乐路 1号 위치 지하철 3호선 칭다
오 북역(青岛北站) 하차(칭다오 역에서 약 45분) / 5元

잔교 栈桥 [잔차오]

칭다오 여행과 맥주의 상징

칭다오의 상징적 건축물로, 청나
라가 1891년에 건설한 항만
시설이다. 잔교의 교량 총 길
이는 440m이며, 바다를 향
해 직선으로 뻗어 있는 형태
로 청나라 정부가 외세의 침략
을 막기 위해 군수 물자를 공급받
던 곳이다. 1932년 칭다오 시장이던 후뤄위胡若愚
는 잔교를 보수하며 부두의 한쪽 끝 원형 방파제 위
에 2층짜리 팔각 정자를 지었는데, 이는 현재의 칭
다오 맥주 라벨에 도안되어 있는 회란각回澜阁이
다. 붉은색의 벽과 금빛 기와, 끝이 올라간 처마가
중국 특유의 고풍스러운 분위기를 자아낸다. 또한
'파도가 부서져 굽이친다'는 의미를 지니고 있는
데, 수없이 밀려드는 세찬 파도가 은빛 물보라를 일
으키는 장관을 연출한다. 현재 회란각 내부는 1층
만 무료로 공개를 하고 있으며, 잔교의 역사에 대한
전시를 하고 있다. 볼거리가 많은 편은 아니지만 중
국 전통의 외관과는 다르게 실내는 서양식으로 되
어 있고, 당시로서는 제법 화려한 건물이었다는 것

을 느낄 수 있다. 잔교는 상업 거리인 중산로와 일직
선을 이루고 있고 노을이 지는 경관 및 야경이 뛰어
나다. 역사적으로도 중요한 의미를 갖고 있어 칭
다오 시민과 중국인 관광객들도 많이 찾는 관광지다.
고즈넉한 분위기를 만끽하고 싶다면 휴일을 피해
방문하는 것이 좋다.

주소 青岛市 市南区 太平路 14号 / 14 Taiping Rd,
Shinan 위치 ❶ 지하철 3호선 칭다오 역(青岛站) G 출
구에서 도보 10분 ❷ 버스를 이용하여 잔교(栈桥) 정류
장에서 하차 시간 4~11월 07:00~19:00 / 12~3월
08:00~17:30 요금 회란각 1층 입장 무료(입장권은 나
오면서 반납) / 2층 공개 시 입장료 5元

81

중산로 中山路 [쭝산루]

칭다오의 역사를 담고 있는 거리

중산로는 중국과 대만, 세계 곳곳에 있는 중화 거리
(차이나타운)에서 자주 볼 수 있는 거리 이름이다.
1911년 신해혁명을 일으켜 청나라를 무너뜨리고
중화민국을 건립한 손문孫文[쑨원]의 애칭인 중산中
山에서 유래되었다. 주로 가장 번화한 거리의 이름
으로 쓰인다.

칭다오의 중산로는 1892년 독일의 조차지가 되면
서 시작되는 칭다오 근대 역사와 함께 하는 구시가
의 중심이 되는 거리다. 기업과 관공서 등이 중산 공
원을 넘어 신시가로 옮겨 가기 전까지는 칭다오에
서 가장 번화한 곳이었다. 지금은 당시처럼 많은 사
람으로 붐비지는 않지만, 여행자들에게는 여전히
매력적인 곳이다. 중국인 거주 구역과 유럽인들의
거주 구역을 구분하는 역할을 하는 거리였기 때문
에 중국의 문화와 유럽의 문화가 공존하고 있다. 남
쪽의 잔교를 시작으로 완만한 언덕을 지나 1.3km
에 이르는 거리에는 카페와 음식점, 기념품 상점 등
이 있다. 칭다오 여행을 하면서 빼놓을 수 없는 명소

인 잔교를 본 후 천주교당, 피차이위엔 꼬치 거리로
이동하면 자연스럽게 중산로를 걷게 된다.

주소 青岛市 市南区 中山路 / Zhongshan Rd, Shinan
Qu **위치 ❶** 잔교에서 시작하여 북쪽 끝까지 약 1.5km의
거리 **❷** 칭다오 역(青岛站)에서 도보 약 3분 거리 **❸** 버스
2, 6, 8, 221, 228, 412번 타고 중국극원(中国剧院) 정류
장 하차 / 702번 버스를 타고 항공쾌신주점(航空快线酒
店) 정류장 하차 / 221번 버스를 타고 호북으로 중산로(湖北
路中山路) 정류장 하차

티안과 투가 만날 때 田小曼遇见土老爷 [티엔시아오만 위지엔 투라오예]

예쁜 패키지가 특징인 건어물 기념품점

카페처럼 상큼한 외관과 소녀 감성 인테리어가 인상적인 상점에서 판매하는 주력 상품은 건어물류다. 메뉴에 따라 가격이 조금씩 다르지만 틴 케이스의 경우 200g에 80元 정도로 비교적 높은 가격대로 판매된다. 하지만 칭다오의 풍경을 담아 둔 예쁜 틴 케이스 만으로도 훌륭한 기념품이 된다. 저렴한 선물용으로는 100g에 25元 정도에 판매되는 종이팩 상품도 있다. 건어물 외에 라오산의 녹차와 홍차도 판매하고 있다.

주소 靑島市 市南区 中山路 41号 / 41 Zhong Shan Lu, Shinan Qu 위치 잔교에서 도보 약 7분, 중산로 중심 전화 136-4542-8225 시간 08:00~24:00

천우천심 千遇千寻 [첸위첸쉰]

귀여운 캐릭터 제품과 여행 기념품 전문점

중산로에서 칭다오 천주교당으로 올라가는 언덕길에 있는 아기자기한 캐릭터 인형, 여행 기념품 전문점이다. 토토로와 도라에몽, 원피스 등 일본 캐릭터 제품을 비롯해 다양한 인형과 모형 등을 판매하고 있다. 또한 여행 기념품으로 좋은 엽서, 한자 성으로 만든 열쇠고리, 칭다오 맥주 병따개도 판매하고 있다. 옆에 있는 티샵과도 연결되어 있어 라오산 녹차와 영국과 독일에서 수입한 티를 구입할 수 있고, 아로마 캔들 등 생활 잡화도 판매하고 있다.

주소 靑島市 市南区 中山路 77号 위치 칭다오 천주교당에서 도보 1분 전화 0532-8286-1696 시간 09:00~20:00(평일), 08:30~22:00(주말)

소울 디저트 淋汁灵魂茶点 [린즈링훈차디엔]

간단한 디저트와 기념품을 판매하는 상점

중산로의 천주교당과 피차이위엔 사이에 있는 작은
상점이다. 고급스러운 느낌의 문구류와 칭다오 여
행지의 일러스트 액자, 엽서를 판매하고, 매장 안쪽
에는 액세서리를 직접 만들고 현지인들에게 강의도
하는 작은 공방이 있다. 간단한 차와 음료가 있으며
딸기, 고구마, 민트, 녹차 등 다양한 맛의 미니 도너
츠도 있다. 미니 도너츠 가격은 9개에 25元이고, 차
는 20元 전후이다.

주소 青岛市 市南区 中山路 105号 **위치 ①** 중산로 거리 중간
에 위치(낮은 언덕으로 된 중산로에서 가장 높은 곳에 위치)
② 버스 2, 6, 8, 221, 228, 412번 이용하여 중국극원(中国
剧院) 정류장 하차 후 도보 5분 **전화** 188-6395-0633 **시
간** 10:00~20:00

천주교당 天主教堂 [티엔주찌아오탕]

직접 미사를 볼 수 있는 성당

칭다오에 독일을 비롯한 유럽인들이 모여 살기 시작하면서 개신교와 천주교가 들어오기 시작했고, 칭다오에 게오르크 바이크Georg Weig 주교가 재임하던 시절 천주교당이 건립되었다. 1934년 완공된 칭다오 천주교당은 하늘 위에서 보면 십자가의 모양을 하고 있다. 남쪽에 있는 두 개의 첨탑은 십자가의 높이 (4.5m)까지 더하면 60.5m로 오랫동안 칭다오에서 가장 높은 건물이었다. 1966년부터 10년 동안의 문화혁명 기간에 많이 훼손되었지만, 1981년 재건하고 미사를 다시 시작하게 되었다.

성당 내부로 들어가면 하얀 벽면을 중국인들이 좋아하는 황금색으로 몰딩 라인을 장식하고, 미사를 집전하는 제대와 성체를 모시고 있는 감실 또한 화려한 색감을 자랑한다. 중국인들이 행운을 주는 색이라 생각하는 빨간색으로 바닥을 장식하고 녹색을 베이스로 하는 벽면의 장식이 강한 대비 효과를 준다. 제대 양측에는 예수, 마리아의 성화가 있고 제2차 바티칸 공의회(1965년) 이전에 사용하던 제대가 놓여져 있다. 성당 내부의 고해소도 지금과는 사뭇 다른 느낌이다. 성당 내부 견학은 미사 시간을 제외하고 오전 8시부터 오후 5시까지 가능하며 유료이다.

주소 青岛市 市南区 浙江路 15号 / 15 Zhe Jiang Lu, Shinan Qu **위치** ❶ 중산로에 위치, 잔교에서 도보 15분 ❷ 버스를 이용하여 중국극원(中国剧院) 정류장, 항공쾌속주점(航空快线酒店) 정류장에서 하차 후, 도보 5분 **전화** 0532-8286-5960 **시간** 월~토요일 08:00~17:00, 일요일 12:00~17:00 / 06:00(평일 미사), 08:00(주일 미사) **요금** 10元

피차이위엔 劈柴院
구시가의 꼬치구이 먹자 골목

피차이위엔 이름의 유래는 두 가지가 있다고 한다. 오래전부터 피차이(땔감)를 팔던 거리였던 데서 유래되었다는 설과 100여 년 전 상업 중심지였던 시절 땔나무로 불을 피우는 상인들이 많아 피차이위엔으로 불렸다는 설이다. 유래는 어찌되었든 지금은 땔감이 아닌 꼬치구이로 유명하다. 골목은 일직선이 아니라 중산로를 중심으로 세 개의 길이 만나는 구조로, 1902 간판이 있는 정문으로 들어가면 골목 안에서 또 다른 골목으로 이어진다.

일반 음식점과 노점이 모여 있고, 꼬치구이, 해산물, 디저트 등 파는 메뉴도 다양하다. 마주 오는 사람과 어깨가 부딪힐 정도로 좁은 거리에서 호객하는 상인들의 목소리와 진한 향신료가 밴 음식의 냄새가 거리를 더욱 활기차게 한다. 피차이위엔은 칭다오의 문화와 풍습을 그대로 보여 주는 곳이라 현지 시민들에게는 향수를 불러일으키고, 관광객들에게는 중국의 생활 모습을 가까이 접하고 이해할 수 있는 곳이라 많이들 찾는다.

주소 青岛市 市南区 江宁路 / Jiang Ning Lu, Shinan Qu 위치 ❶중산로 북부에 위치, 잔교에서 중산로를 따라 도보 20분 ❷버스를 이용하여 중국극원(中国剧院) 정류장에서 하차 후 내리막길을 따라 도보 5분, 좌측에 1902년이라 쓰여져 있는 건물 내부 시간 11:00~21:00(상점에 따라 영업 시간 다름)

🍜 피차이위엔 음식점

🍴 강녕회관 江宁荟馆 [지앙닝 후이꽌] ★★

전통 공연 감상과 함께 식사를 즐길 수 있는 곳
피차이위엔의 골목 안쪽에 있는 광장을 둘러싸고 있는 음식점으로, 1층의 광장의 한편에는 무대와 테이블이 있고, 2층은 개별 룸 형태로 되어 있다. 전통 공연을 감상하며 식사할 수 있는데, 식사 비용 외에 1인당 5元의 기본요금이 함께 계산된다. 꼬치구이가 아닌 일반 요리를 전문으로 하고, 메뉴 하나가 기본 30元 이상으로 일반 음식점에 비해 가격대가 높은 편이다. 1907년에 문을 열어 100년이 넘는 역사를 가지고 있다.

주소 青岛市 市南区 江宁路 劈柴院 9-10号 위치 피차이위엔 내부 전화 0532-8285-5666 시간 10:30~21:00

🍴 왕저소고 王姐烧烤 [왕찌에샤오카오] ★★★

인기 있는 꼬치구이 전문점

EBS 아틀라스 칭다오편에 등장하면서 우리나라 여행자들도 많이 찾는 길거리 꼬치구이집이다. 피차이위엔의 매장 외에도 중산로의 춘화루 건너편과 신시가의 신화 서점에서 도보 3분 거리에도 매장이 있다. 특제 수스로 구운 오징어 꼬치는 다리 6元, 몸통 10元이고, 닭꼬치는 3元, 양꼬치는 4元이다.

피차이위엔점

주소 青岛市 市南区 河北路 16号 劈柴院内 위치 피차이위엔 내부 전화 0532-8515-9288 시간 11:00~22:30

중산로점

주소 青岛市 市南区 中山路 117号 위치 피차이위엔 중산로 입구에서 도보 3분 전화 0532-8286-7147 시간 10:00~22:00

🍴 유향거 幽香居 [여우시앙쥐] ★★

상하이식 군만두와 육즙이 가득한 탕바오

육즙이 가득한 만두 탕바오汤包와 중국식 군만두인 셩지엔빠오生煎包를 전문으로 하는 곳이다. 어만두鱼水餃가 유명한 칭다오에서 다른 스타일의 만두를 맛볼 수 있는 곳이다. 신시가에 있는 프랜차이즈 레스토랑인 딘타이펑과 비교해 상당히 저렴한 예산으로 탕바오를 먹을 수 있다.

주소 青岛市 市南区 江宁路 33号乙 위치 피차이위엔 내부 전화 158-9887-8626 시간 09:30~22:30

🍴 십마로 식품점 什么老食品店 [션머라오 스핀띠엔] ★★

수제 칭다오 요구르트와 맥주

피차이위엔 입구의 왼쪽에 있는 앤티크한 느낌의 상점으로 내부에는 기념품과 골동품 같은 소품들을 판매하고 있다. 직접 만든 유산균 요구르트와 아이스크림은 예쁜 병과 컵에 담겨 있어 구입하면 기념품으로 남길 수 있다. 또한 수제 맥주를 직접 만들어 판매하기도 한다. 내부에 테이블이 없기 때문에 바로 마시거나 숙소에 가져와서 마셔야 한다. 요구르트 16元, 아이스크림 20元, 맥주 18元으로 가격은 비싼 편이지만 그 비용이 아깝지 않다.

주소 市南区 中山路 162号 위치 피차이위엔 바로 옆 전화 180-5322-5580 시간 09:00~22:00

🎏 피차이위엔의 길거리 음식

꼬치구이 거리라 불리기도 하는 피차이위엔의 명물은 당연히 꼬치구이지만, 꼬치말고도 다양한 길거리 음식을 만날 수 있다. 상점 안의 테이블에서 맥주와 함께 먹을 수 있는 공간도 많다.

🖊 꼬치구이

피차이위엔의 꼬치 거리에서 다양한 종류의 꼬치를 만날 수 있다. 부담 없이 먹을 수 있는 작은 오징어 크기의 왕새우 꼬치(3개 10元)와 쉽게 도전하기 어려운 곤충 꼬치(전갈, 지네, 도마뱀, 해마, 거미 등)도 있다. 곤충 꼬치를 집어 드는 외국인을 중국인들도 신기하게 쳐다보기도 한다.

🖊 달걀빵

일본에 크레페가 있다면 중국은 달걀빵이 있다. 아이스크림과 과일, 초코 등의 토핑을 더한 달걀빵은 가벼운 한 끼 식사로도 손색없을 만큼 포만감이 있다. 가격은 15元이다.

🖊 파인애플밥

파인애플 속에 따뜻한 밥을 넣고 딸기를 토핑으로 얹어 이국적인 맛을 즐길 수 있다. 가격은 10元 정도.

🖊 동물 만두

아이와 함께 피차이위엔에 간다면 꼭 사야 하는 동물 만두. 아기자기한 모양이 먹기 아까울 정도로 너무 귀엽다. 1개에 2~3元으로 가격도 부담 없다.

🖊 칭다오 요구르트

마트에서도 살 수 있는 칭다오의 숨겨진 명물 요구르트. 걸쭉해서 병에서 잘 나오지도 않는 요구르트를 맛보면 진한 풍미를 느낄 수 있다.

해빈 식품 海滨食品 [하이삔 스핀]

말린 해삼으로 유명한 건강식품 전문점

1925년 칭다오의 해산물을 파는 작은 상점에서 시작한 해빈 식품은 말린 해삼海参[hǎishēn]과 전복 鲍鱼[bàoyú]과 같은 건강식품을 주로 판매하며 전국 각지에 체인점을 두고 있다. 우수한 품질과 서비스를 바탕으로 중국 최고 체인점 사업, 전국 신용 기업, 중국 비즈니스 서비스 브랜드 등과 같은 170여 개에 이르는 상을 받은 기업이기도 하다. 건강식품 외에도 여행 기념품도 판다.

주소 青岛市 市南区 中山路 143号 / 143 Zhong Shan Lu, Shinan Qu 위치 피차이위엔 건너편 전화 0532-8282-1585 시간 08:30~20:30

지모루 시장 卽墨路小商品市场 [지모루 시아오상핀 스창]

칭다오 최대의 모조품 시장

모조품을 판매하는 시장으로 주상복합형 건물로 되어 있으며, 붉은색 기와의 중국식 외관이 인상적이다. 칭다오 최대 모조품 시장으로 알려져 있으나 기대와 달리 규모가 큰 편은 아니고, 우리나라의 90년대 동대문 시장 상가와 비슷한 분위기다. 각종 모조품 제품부터 보석, 액세서리 등 일반 잡화까지 취급한다. 지하 1층은 주로 생활 의복 등을 판매하며 지상 1층은 진주, 옥 등 보석과 중국풍 물건들을 판매한다. 2층은 유명 브랜드의 모조품, 특히 가방과 지갑 등이 전시되어 있는데 재래시장 분위기가 나는 1층과는 사뭇 다른 분위기다.

주소 青岛市 市北区 聊城路 / Linqing Rd, Shibei, Qingdao 위치 ❶ 버스 2, 5, 205, 212, 214, 218, 222, 301, 305, 308, 320, 325, 366번을 이용하여 시립병원(市立医院) 정류장 하차 후 도보 3분 ❷ 피차이위엔 꼬치 거리에서 도보 약 15분 시간 11:00~17:00(상점에 따라 다름)

> **Tip 지모루 시장 쇼핑**
> 1. 모조품 중 A급 상품은 매장에 전시해 두지 않는다. A급 구매 의사를 표현하면 카탈로그를 보여 주고 제품을 선택하면 해당 제품을 다른 곳에서 가져오거나 매장의 비밀 문을 통해 A급을 모아 둔 밀실로 안내한다.
> 2. 가격 흥정은 필수이며, 보통 처음 상인들이 제시하는 가격의 절반 또는 1/3 가격이 적당한 가격이다. 절반 정도는 흥정해야 바가지를 쓰지 않고 구매하는 것이지만 1/4 미만으로 흥정하다가는 상인과 여행자 모두 서로 마음만 상할 수 있다.
> 3. 영업 시간은 17시까지지만 그 전부터 마감 정리를 한다. 흥정할 시간도 고려해야 하기 때문에 조금 여유 있게 쇼핑을 하는 것이 좋다.

독일 풍물 거리 德国风情街 [더궈 펑칭찌에]

독일 상업 건물들이 모여 있던 거리

중산로 북쪽의 피차이위엔에서 500m 정도 북쪽으로 올라가면 나오는 관타오루馆陶路는 독일 조차 시기에 금융가가 조성된 거리로, 당시의 역사적 건물들이 있어 '독일 풍물 거리'로 지정되어 있다. 100여 년 전 스탠다드 차타드 은행, 일본 미츠비시 은행, 증권 거래소로 이용된 건물들이 있지만, 대부분 리뉴얼되어 당시의 모습은 많이 남아 있지 않다.

하지만 독일 맥주 전문점과 예쁜 카페들이 있고 지모루 시장과도 가깝기 때문에 잠시 둘러보기에는 괜찮다.

주소 青岛市 市北区 馆陶路 / Guan Tao Lu, Shibei Qu 위치 ❶ 피차이위엔 꼬치 거리에서 도보 10분, 지모루 시장에서 도보 5분 ❷ 버스 정류장 관타오루(馆陶路)에서 바로

도로 교통 박물관 道路交通博物馆 [따오루 짜오우퉁 보우꽌]

먹을 수 있는 초콜릿 티켓을 주는 교통 박물관

중국 최초로 설립된 도로 교통 박물관으로 2015년에 개관했다. 1층의 전시실은 고대 중국의 도로와 마차 등의 교통수단을 소개하는 전시실과 20세기 초의 클래식 자동차와 버스 등을 전시하고 있다. 칭다오의 박물관 중 가장 최근에 생긴 곳이라 2층의 체험실에는 다양한 멀티미디어 요소를 이용해 보다 재미있는 전시를 하고 있다. 입장권은 종이 티켓과 함께 먹을 수 있는 초콜릿 티켓이 제공된다.

주소 青岛市 市北区 馆陶路 49号 / 49 Guan Tao Lu, Shibei Qu 위치 ❶ 피차이위엔 꼬치 거리에서 도보 15분, 지모루 시장에서 도보 10분 ❷ 버스 정류장 관타오루(馆陶路)에서 도보 3분 전화 0532-8873-0888 시간 09:00~16:30 요금 30元, 120cm 이하 어린이 무료

라오서 공원 老舍公园 [라오서 꿍위안]

칭다오 천주교당에서 잔교가 보이는 해안 도로까지 이어지는 내리막길에 조성된 공원이다. 중국 현대 문학의 거장으로 칭다오에서 활동한 라오서의 이름을 딴 공원의 중심에는 라오서의 흉상이 있고, 한편에는 공자의 동상도 있다. 공원 주변에 독일 해군 함대, 병원, 경찰서와 소방서 등 독일이 칭다오를 조차하던 시기에 지어진 서양식 건물들이 남아 있어 볼거리가 있다.

주소 青岛市 市南区 湖南路 / Hu Nan Lu, Shinan Qu 위치 잔교에서 도보 5분, 천주교당으로 이어지는 언덕길

가목 미술관 嘉木美术馆 [지아무 메이수꽌]

칭다오를 그린 감성적 수채화

칭다오 최초의 독립 아트 갤러리로 2013년 9월에 개관했다. 1913년 독일인 건축가가 지은 붉은색의 유럽풍 건물은 미술관으로 리뉴얼되기 전까지 60여 년간 한 부부의 개인 저택으로 이용되었다. 건물 안의 정원, 수영장의 물을 빼고 만든 갤러리 등 건물 자체도 특이하고, 칭다오의 풍경화를 감성적으로 표현한 100여 점의 수채화와 유화를 보는 것도 즐겁다. 미술관 한쪽의 'Art Meet Cafe'에서 커피와 간식을 즐길 수도 있다.

주소 青岛市 市南区 安徽路 16号 위치 ❶ 중산로에서 동쪽으로 두 블록 옆 ❷ 잔교에서 도보 약 7분 시간 09:30~17:30(평일), 09:00~18:00(주말) 전화 0532-8286-3887 요금 무료

칭다오 우전 박물관 青岛邮电博物馆 [칭다오 여우띠엔 보우관]

느린 우체국 서비스를 운영하는 박물관

1897년 독일이 칭다오를 조차하면서 맥주 공장보다 먼저 지은 것이 본국과 통신을 위한 우체국과 전화국이었다. 1901년 항구에서 가까운 곳에 4층의 독일식 건물을 짓고 우체국과 전화국으로 이용했다. 상업적 건물로는 칭다오에서 가장 오래된 건물이다. 2010년부터 박물관으로 일반인에게 공개하고 있다. 입장료가 제법 비싼 편이지만 우편과 에디슨이 발명한 전화기 등 희귀 자료를 전시하고 있어 많은 사람들이 찾고 있다. 2층은 박물관으로 이용되고, 1층은 문화 공간과 기념품점이 있다. 또한 우편을 원하는 기간 동안 보관 후 나중에 보내 주는 느린 우체국 서비스도 진행하고 있다. 4층의 카페 '탑루 1901'과 건물 옆의 '양우서방'도 인기다.

주소 **青岛市 市南区 安徽路 5号** / 5 Anhui Rd, Shinan Qu 위치 잔교에서 도보 약 5분, 라오서 공원 가는 길 시간 하계 08:30~17:00 / 동계 09:00~16:30 요금 50元 / 1~2개월 후 엽서 보내기 15~30元(기간과 받는 곳에 따라 요금이 다름)

독일 총독부 유적 胶澳总督府旧址 [찌아오아오 쫑두푸 찌우즈]

가장 큰 독일식 건물

폭 80m, 높이 20m이며 완벽한 좌우 대칭을 이루고 있는 독일 총독부 건물은 칭다오에 지어진 독일식 건물 중 최대 규모다. 1906년 총독부의 건물로 지어졌으며 일본 점령기에는 일본 군사령부가 이용했고, 1994년까지 칭다오 시청으로 이용되다 현재는 정치 기관 중 하나인 인민협의회의 건물로 이용되고 있다. 구 총독부 건물 주변에는 해군이 이용한 건물, 법원이 이용했던 건물 등 독일식 관공서들이 많이 남아 있다.

주소 **青岛市 市南区 沂水路 11号** / 11 Yi Shui Lu, Shinan Qu 위치 칭다오 우전 박물관에서 도보 5분 / 잔교에서 도보 10분 시간 연중무휴 요금 무료

칭다오 천후궁 青岛天后宫 [칭다오 티엔허우꿍]

칭다오에서 가장 화려하고 아름다운 고대 건축

1467년 건립되어 오랜 역사를 지니고 있는 건물로 칭다오에서 가장 오래된 건물이기도 하다. 19세기 말에 개항하면서 발달하기 시작한 칭다오의 근대 역사보다 오래되어 '먼저 천후궁이 있고, 그 후에 칭다오가 있다'라는 말이 있다고 한다. 항해의 여신인 천후(마조), 용왕신, 재물의 신을 모시고 있는 사원은 천주교당, 기독교당과 마찬가지로 문화 혁명 기간에 많이 훼손되었지만, 이후 가장 먼저 보수가 시작되어 문화 혁명 이전의 모습에 가깝게 복원되었다. 산둥 반도의 고대 건축물 중 칭다오 천후궁의 건축 예술과 채색화 예술은 단연 최고로 꼽히며, 계절에 따라 다양한 꽃이 피는 정원과 소원을 빌며 걸어둔 빨간 나무판들도 볼 만하다.

주소 青岛市 市南区 太平路 19号 / 19 Taiping Rd, Shinan Qu 위치 ❶ 잔교에서 도보 15분 ❷ 지하철 3호선 인민회당(人民会堂) 역 A1 출구에서 도보 3분 전화 0532-8288-0728 시간 09:00~16:30 요금 무료

🏛 칭다오 민속관
青岛民俗馆 [칭다오 민쑤꽌]

천후궁 부설 자료관

칭다오시에서 가장 오래된 사원인 천후궁을 보수하는 과정에서 천후궁 내의 유물과 칭다오 시내 곳곳에 퍼져 있는 민속 자료를 공개, 전시하기 위해 1998년 설치된 자료관이다. 천후궁 안에 있는 자료관이라 주로 천후 여신에 관련된 자료를 중심으로 전시하고, 민간 공예품과 민속 전시물 등도 전시된다.

위치 천후궁 내 시간 09:00~16:30 요금 무료

Tip 항해의 여신, 마조媽祖

중국과 동남아시아의 해안 지방 도교 사원에서 모시는 여신으로 항해를 수호하고, 풍어를 기원한다. 고대 중국의 민간 신앙에 불교적 색채가 더해져 생겨난 것으로 추정되며, 도교 사원 중 관우를 모시는 사원 다음으로 많은 것이 마조 사원이다. 바닷가에 있는 칭다오 역시 마조 신앙이 발달했으며, 마조를 천후, 천상성모, 성모낭랑 등으로 부르기도 한다. 2009년에는 마조 신앙과 관련된 행사들이 유네스코 무형 문화유산으로 등록되기도 했다.

칭다오 미술관 青岛美术馆 [칭다오 메이수관]

독특한 건물과 아름다운 회화 작품

19세기 후반부터 현대까지 칭다오와 산둥 반도에서 활동한 예술가들의 작품을 전시하고 있는 미술관이다. 상설전 중에 가장 눈에 띄는 것은 칭다오 풍경을 담고 있는 유화와 수채화 작품들이다. 상설전 외에도 흥미를 유발하는 기획전도 꾸준히 개최되고 있다. 칭다오의 풍경을 표현한 회화 작품과 더불어 여행자들에게 재미를 주는 것은 미술관의 독특한 건축 양식이다. 중국 전통의 미를 살리고 있는 건물, 로마 시대 신전의 외관을 한 건물과 이슬람 양식의 영향을 받은 건물로 이루어져 있다. 건물 자체만으로 국가 중요 관광지 및 칭다오의 우수 건축물로 지정되었다.

주소 青岛市 市南区 大学路 7号 / 7 Daxue Rd, Shinan Qu 위치 ❶ 지하철 3호선 인민회당(人民会堂) 역 B 출구에서 도보 5분 ❷ 버스를 이용하여 대학로(大学路) 정류장에서 하차 후 도보 약 3분 전화 0532-8288-8886 시간 09:00~16:30 / 월요일 휴관 요금 무료

라오서 고택 老舍故居 [라어서 꾸쥐]

소설 낙타샹즈와 관련된 작은 박물관

중국 현대 문학을 대표하는 작가인 라오서가 칭다오의 산둥대학의 교수로 재임하면서 거주한 집이다. 북경 출신인 그가 영국 유학 후 칭다오에서 생활하면서 1936년 대표작 〈낙타샹즈骆驼祥子〉를 발표했다. 낙타샹즈로 큰 인기를 얻은 후에는 후배 작가들에게 항일 의식을 고취시키며 1944년 대하 소설 〈사세동향四世同堂〉을 발표하기도 했다. 라오서 고택은 '낙타샹즈 박물관'이라는 별칭에 걸맞게 입구에 낙타샹즈의 주인공이 인력거를 끄는 동상이 있고, 소설과 관련된 자료들이 전시되어 있다. 이 밖에도 라오서의 딸들이 기부한 그가 사용한 안경, 입었던 옷, 가족사진 등이 전시되어 있다.

주소 青岛市 黄县路 12号 / 12 Huangxian Rd, Shinan Qu 위치 ❶ 지하철 3호선 인민회당(人民会堂) 역 B 출구에서 도보 3분 ❷ 버스를 이용하여 대학로(大学路) 정류장에서 하차 후 도보 약 1분 전화 0532-8286-7580 시간 08:00~18:00(동절기 08:30~16:00) / 월요일 휴관 요금 무료

기독교당 基督教堂 [지두짜이오탕]

중국 개신교의 상징적 건물

1908년에 지어진 기독교당은 중세 성곽 양식을 하고 있다. 선교의 목적보다는 칭다오에 거주하는 독일인을 위한 예배당으로 사용되었다. 빨간색 지붕과 삼면에 시계를 설치한 종각이 특징이다. 칭다오 천주교당과 마찬가지로 문화 혁명 기간 동안 많은 부분이 훼손되었다. 칭다오 성당에 비하면 규모도 작고, 교회 내부도 심플하기 때문에 볼거리를 기대하고 방문하면 조금 실망할 수도 있다. 예배 시간을 제외하면 입장료를 지불하고 교회 내부를 둘러볼 수 있으며, 종루까지 올라갈 수도 있다.

주소 靑島市 市南区 江苏路 15号 / 15 Jiang Su Lu, Shinan Qu 위치 ① 지하철 3호선 인민회당(人民会堂) 역 B 출구에서 도보 12분 ② 버스를 이용하여 청의부원(青医附院) 정류장에서 하차 후 신호산 공원 반대 방향으로 도보 약 1분 ③ 신호산 공원 입구에서 도보 3분 전화 0532-8286-5970 시간 08:00~18:00 / 일요일 오전 예배 시간(07:30, 09:30)에는 개방하지 않음 요금 10元

Tip 낙타샹즈

중문학을 전공하는 사람들에게는 필독서라 할 수 있는 〈낙타샹즈〉는 루쉰의 〈아큐정전〉과 함께 20세기를 대표하는 중국 현대 소설이다. 〈낙타샹즈〉는 불공평한 사회에서 살아가는 인력거꾼 샹즈의 비참한 인생을 그리고 있는 사회 비판적인 리얼리즘 소설이다. 어렵게 장만한 인력거를 군대에 빼앗기고 도망친 샹즈는 다시 한번 재기를 꿈꾸며 성실하게 살기 위해 노력한다. 하지만 부조리한 사회에서 결국 그도 타락하게 되고, 더욱 비참한 삶을 살게 되는 내용이다.

"비는 부자에게도, 가난한 사람에게도 내린다. 의로운 이에게도, 의롭지 못한 이에게도 내린다. 그러나 사실 비는 공평하지 않았다. 본래 공평하지 않은 세상에 내리기 때문에." - 〈낙타샹즈〉中 -

〈낙타샹즈〉는 1945년 〈Rickshaw Boy〉라는 제목으로 미국에 번역되어 출간되자마자 베스트셀러 1위를 차지하며 라오서를 세계적인 작가의 반열에 올려 놓았다. 하지만 라오서는 1966년 문화 혁명 기간에 미국에 판권을 넘겨 부를 쌓은 것으로 정부로부터 심문을 받게 되고, 며칠 후 의문사로 발견되었다.

영빈관 迎賓館 [잉삔꽌]

과자의 성이 생각나는 화려한 독일식 성

독일 총독의 관저로 지은 건물로 1908년 완성되었다. 건설하면서 지나치게 많은 예산을 사용한 책임으로 당시의 총독이 물러날 정도로 화려한 건물이다. 제2차 세계 대전 중에는 일본군 본부로 사용되기도 한 아픈 역사도 있다. 1957년 마오쩌둥이 휴가 기간에 가족과 시간을 보낸 것이 알려지면서 중국인들이 방문하고 싶어 하는 여행지가 되었다. 4층으로 되어 있는 내부의 화려한 인테리어와 가구들이 볼 만하다. 단, 사진 촬영은 금지다. 완만한 언덕에 넓게 펼쳐진 정원도 둘러볼 만하다. 신호산 공원에서 바라보는 영빈관의 모습도 아름답다. '지아오아오 총독 관저胶澳总督官邸', '칭다오 게스트 하우스Qingdao Guest House'라 불리기도 한다.

주소 青岛市 市南区 龙山路 26号 / 26 Long Shan Lu, Shinan Qu 위치 ① 지하철 3호선 인민회당(人民会堂) 역 B 출구에서 도보 10분 ② 버스를 이용하여 청의부원(青医附院) 정류장에서 하차 후 도보 약 5분 ③ 신호산 공원 입구에서 도보 5분 전화 0532-8286-8838 시간 4~10월 08:30~17:30 / 11~3월 08:30~17:00 요금 4~10월 15元, 11~3월 10元

신호산 공원 信号山公园 [신하오샨 꽁위안]

유럽식 건물 전경이 펼쳐지는 전망대

해발 98m의 낮은 산이지만 구시가에서는 가장 높은 산이다. 독일인이 산 정상에 항구에 들어오는 선박에 신호를 보내기 위해 전파탑을 설치하면서 지금의 이름을 갖게 되었다. 매표소를 지나 계단을 따라 가볍게 등산을 하는 기분으로 오르면 회전형 전망대가 있는 버섯 모양의 건물이 나온다. 이곳에서 티켓을 다시 검사하니 티켓을 잃어버리지 않도록 주의하자. 360도 회전하는 전망대에 오르면 빨간 지붕으로 덮인 칭다오 속 유럽의 풍경이 펼쳐진다. 구시가가 훤히 내려다보이고, 칭다오에서 가장 화려한 유럽식 건물인 영

신호산 공원에서 본 영빈관

빈관을 비롯한 주요 건물을 찾는 재미도 있다.

주소 青岛市 市南区 齐东路 17号 / 17 Qi Dong Lu, Shinan Qu 위치 ① 지하철 3호선 인민회당(人民会堂) 역 B 출구에서 도보 15분 ② 버스를 이용하여 청의부원(青医附院) 정류장에서 하차 후 도보 약 2분 전화 0532-8279-4141 시간 07:30~16:30 요금 4~10월 15元, 11~3월 13元

신호산 공원에서 본 구시가

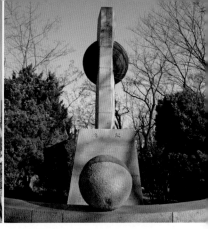

관상산 공원 观象山公园 [관시앙산 공위안]

오래전 천문대가 있던 전망 공원

해발 79m 높이의 낮은 언덕에 있는 전망 공원이다. 관상산 공원에서는 칭다오 천주교당을 중심으로 구시가의 풍경을 내려다볼 수 있지만, 신시가 쪽을 바라볼 수 있는 지역은 군사 시설로 접근할 수 없다. 공원 한편에 있는 하얀색 돔이 있는 건물은 1905년 설립된 천문대 건물로 현재는 유스호스텔로 이용되고 있다. 천문대 앞에는 1926년과 1933년에 경도 측정한 것을 기념하는 비가 있다.

주소 青岛市 市南区 观象二路 21号 / 21 Guan Xiang Er Lu, Shinan Qu 위치 ❶ 천주교당에서 도보 약 20분 ❷ 버스를 이용하여 관상로(观象路) 정류장에서 도보 약 10분 요금 무료

해군 박물관 海军博物馆 [하이쥔 보우관]

볼거리가 풍성한 관광지

중국 해군의 발전상을 전시하고 있는 곳으로 칭다오에서 가장 볼거리가 많은 관광지로 꼽는다. 40,000m²의 넓은 부지의 실내, 실외, 바다 전시실로 구성되어 있다. 2016년 2월 리뉴얼 오픈하면서 실내 전시 공간에 보다 많은 볼거리가 생겼다. 실외 전시장에는 1956년 구소련의 스탈린이 중국의 마오쩌둥에게 주석 전용기로 선물한 IL-14 쌍발기를 비롯해 해군 소속의 전투기와 소형 함정, 미사일, 대포 등이 전시되어 있다. 해군 박물관의 가장 큰 볼거리는 바다 공간에 떠 있는 2대의 잠수정과 4대의 전함이다. 다소 낡은 잠수정과 전함이지만 직접 승선하여 다양한 볼거리가 즐길 수 있다. 단, 신장 130cm 미만의 어린이는 승선할 수 없다.

주소 青岛市 市南区 莱阳路 8号 / 8 Lai Yang Lu, Shinan Qu 위치 ❶ 지하철 3호선 인민회당(人民会堂) 역 C 출구에서 도보 10분 ❷ 버스를 이용하여 노산 공원(鲁迅公园) 정류장 하차 후 도보 2분 ❸ 잔교에서 도보 약 30분 전화 0532-8286-6784 시간 5~10월 08:30~17:30 / 11~4월 08:30~16:30 요금 30元

소청도 공원 小青岛公园 [시아오칭다오 꿍위안]

잔교를 바라볼 수 있는 또 다른 장소

잔교 너머 바다에 떠 있는 하얀 등대가 인상적인 작은 섬이다. 1800년대 독일들이 조차하던 시절에는 관광, 휴양지로 이용되었지만 1940년대 일본이 칭다오를 점령한 후 방파제를 설치하면서 육지와 연결하고, 일반인의 접근을 금지시켰다. 전쟁이 끝난 뒤에 이곳에서 일본군의 비밀 기지가 발견되었으며, 군수품을 수송하기 위해 설치한 작은 열차 레일과 지하 벙커가 남아 있다.

섬 중앙에 있는 1900년에 지어진 12m 높이의 등대는 아직도 이용되고 있다. 하지만 접근 금지 지역이기 때문에 등대까지 갈 수 없고, 가파른 언덕에 있어 등대를 배경으로 사진을 찍기도 어렵다. 잔교가 보이는 반대쪽에는 작은 카페와 칭다오의 바닷바람을 상징하는 동상 그리고 바다의 풍경을 감상할 수 있는 광장이 있다. 야경을 감상하기 좋은 곳이지만 해가 진 이후에는 소청도 공원에서 대로로 나오는 길에 가로등이 없어 주의해야 한다.

주소 青岛市 市南区 琴屿路 26号 / 26 Qinyu Rd, Shinan Qu 위치 ❶ 지하철 3호선 인민회당(人民会堂) 역 C 출구에서 도보 20분 ❷ 버스를 이용하여 노산 공원(鲁迅公園) 정류장 하차 후 도보 12분 ❸ 해군 박물관에서 도보 10분 시간 06:30~19:30 요금 4~10월 15元 / 11~3월 10元

루쉰 공원 鲁迅公园 [루쉰 꿍위안]

산과 바다가 어우러진 해양 공원

칭다오 후이취안 彙泉 만 인근에 위치한 공원으로 제1 해수욕장과 맞닿아 있다. 과거 독일 조계지 시절 독일들이 방사림을 조성하기 위해 흑송을 대거 심었는데, 해수욕장 설립 후 휴양지로 이용되면서 공원으로 자리 잡았다. 원래는 '해빈 공원海浜公園'으로 불렸는데, 중국의 대문호 루쉰이 방문한 후 이를 기념하기 위해 '루쉰 공원鲁迅公園'으로 공원 이름을 바꿨다.

규모가 크지는 않지만 산과 바다, 붉은색 기암괴석이 어우러진 빼어난 경관 덕에 칭다오 관광의 상징으로 손꼽히며, 칭다오 시민들도 즐겨 찾는 곳이다. 현지인들의 웨딩 촬영 장소로도 유명하고, 일몰을 감상하는 포인트이기도 하다.

주소 青岛市 市南区 琴屿路 26号 / 26 Qinyu Rd, Shinan Qu 위치 ❶ 지하철 3호선 인민회당(人民会堂) 역 C 출구에서 도보 10분 ❷ 버스를 이용하여 노산 공원(鲁迅公園) 정류장 하차 후 도보 2분 ❸ 잔교에서 도보 약 30분 전화 0532-8286-8471 시간 09:00~16:00 요금 무료

루쉰 魯迅

루쉰은 중국의 사상가이자 소설가로 본명은 '저우수런周樹人'이다. 사실 본명보다 필명인 루쉰으로 더 잘 알려져 있다. 일본의 의대에서 유학을 하던 중 글과 문학이 의학보다 중국의 민족의식을 계몽하는 데 도움이 된다 생각하여 학교를 그만두고 중국으로 돌아와 글을 쓰기 시작했다. 중국, 중국인, 중국 문화에 대한 신랄한 비판으로 그를 반대하는 사람도 적지 않았지만, 젊은 층을 중심으로 많은 존경과 사랑을 받았다.

신해혁명 이후 임시 정부의 교육부 관리가 되었고, 루쉰의 대표작 중 하나인 〈광인일기〉, 〈아큐정전〉을 발표했다. 이런 소설은 중국의 전통 사상과 문화를 개혁하는 신문화 운동과 5·4 운동에도 많은 영향을 주었다. 1936년 55세의 나이에 천식으로 죽기 전까지 많은 글을 발표했으며, 수없이 많은 명언을 남기기도 했다.

🎙 루쉰의 명언

희망이란 본래 있다고도 할 수 없고 없다고도 할 수 없다.
그것은 마치 땅 위의 길과 같은 것이다.
본래 땅 위에는 길이 없었다.
걸어가는 사람이 많아지면
그것이 곧 길이 되는 것이다.

옛날 위세가 당당했던 사람은 복고復古를 주장하고,
지금 위세가 당당한 사람은 현상 유지를 주장하고,
아직 행세하지 못하고 있는 사람은 혁신을 주장한다.

잉크로 쓴 거짓이 피로 쓴 진실을 덮을 수 없다.

나는 하나의 종착점을 확실히 알고 있다. 그것은 무덤이다. 이것은 누구나 다 알고 있으며 길잡이가 필요하지 않다. 문제는 그곳까지 가는 길에 있다. 물론 길은 한 가닥이 아니다. - 노신의 묘비문

칭다오 해저세계 青岛海底世界 [칭다오 하이띠스지]

중국 최초의 수족관

1932년 개관한 중국 최초의 수족관이다. 2003년에는 100m에 달하는 무빙워크가 설치된 해저 터널과 7.5m 높이로 세계에서 가장 큰 규모의 수족관이 있는 해저세계를 추가로 선보였다. 기존의 수족관만을 보는 티켓을 구입할 경우 가장 볼거리가 많은 해저세계를 보지 못하기 때문에 대부분 수족관과 해저세계를 모두 볼 수 있는 통합권을 구입한다.

통합권 가격은 칭다오 관광지의 입장료 중 가장 비싸다. 연간 100만 명 이상이 방문할 만큼 볼거리는 많지만, 우리나라의 수족관에 비하면 수준이 높지 않기 때문에 다소 실망할 수도 있다.

주소 青岛市 市南区 莱阳路 1号 / 1 Lai Yang Lu, Shinan Qu 위치 ❶ 지하철 3호선 인민회당(人民会堂) 역 C 출구 도보 15분 ❷ 버스를 이용하여 루신 공원(鲁迅公园) 정류장 하차 후 도보 2분 ❸ 해군 박물관에서 도보 약 3분 전화 0532-8591-2000 시간 08:30~17:00 요금 수족관 4~10월 40元, 11~3월 20元 / 통합권(수족관+해저세계)150元 / 6살 이하, 신장 120cm 이하, 70세 이상 무료

소어산 공원 小鱼山公园 [시아오위산 꿍위안]

칭다오의 바다와 독일식 건물이 보이는 전망대

작은 물고기의 산이라는 뜻의 소어산은 이름 그대로 오래전부터 가까운 바다에서 잡은 생선들을 말리던 산이었다. 1984년 중국 정부에서 소어산을 공원으로 조성하면서 3층짜리 팔각정 란차오거览潮阁를 세웠다.

소어산 공원 한편에는 비디를 상징하는 조각상이 있으며, 청나라 시대의 산둥성 출신의 작가 '푸쑹링'의 소설 속 주인공들을 그린 그림이 있다. 신호산 전망대에 비해 낮지만 바다의 풍경과 독일 부유층이 살던 건물들이 보이는 풍경으로 많은 사람들이 찾고 있다. 또한 낮은 만큼 보다 편하게 올라갈 수 있다는 것도 장점이다.

주소 青岛市 市南区 南福山支路 24号 위치 ❶ 지하철 3

호선 회천 광장(汇泉广场) 역 C 출구에서 도보 10분, 인민회당(人民会堂) 역 C 출구에서 도보 13분 ❷ 칭다오 해저세계에서 도보 약 5분 ❸ 버스를 이용하여 루쉰 공원(鲁迅公园) 정류장에서 하차 후 도보 7분 전화 0532-8286-5645 시간 4~10월 06:00~20:00, 11~3월 06:00~19:00 요금 4~10월 15元, 11~3월 10元

소어산 문화 명인 거리 小鱼山文化名人街区 [시아오위산 원화 밍런 찌에취]

칭다오의 저명 인사들이 살던 고즈넉한 거리

소어산 공원 인근의 골목길은 1920년대 중국의 작가와 과학자, 정치인 등 유명 인사들이 모여 살던 지역이다. 대부분의 건물들이 그대로 보존되고 있으며, 2012년에는 칭다오 시에서 문화 명인 거리로 조성하면서 각 건물이 누가 살던 건물인지 간판을 설치했다. 가장 유명한 곳은 19세기 말 변법 자강 운동으로 중국의 개혁을 주도하고, 말년에 칭다오에서 살며 중국 문화를 보존하기 위해 다양한 활동을 한 사상가이자 정치가인 '캉유웨이康有为 (1858~1927)'의 고택이다. 이 밖에도 문인과 학자들의 옛집들이 모여 있는데, 우리나라에는 잘 알려지지 않은 사람들이기 때문에 일부러 찾아갈 정도는 아니다.

위치 소어산 공원 일대

캉유웨이 고택
康有为故居 The Former Residence of Kang Youwei

주소 青岛市 市南区 福山支路 5号 위치 ❶ 지하철 3호선 회천 광장(汇泉广场) 역 C 출구에서 도보 5분 ❷ 버스를 이용하여 루쉰 공원(鲁迅公园) 정류장에서 하차 후 도보 3분 전화 0532-8296-9239 시간 4~10월 08:30~17:00 / 11~3월 08:30~16:30 요금 4~10월 8元. 11~3월 5元

제1 해수욕장 第一海水浴场 [띠이 하이수이위창]

해수욕을 즐기기 좋은 해변

회천 해수욕장으로 불리기도 하는 곳이다. 칭다오 시내의 3개 해수욕장 중에서 해수욕을 즐기기 가장 좋은 곳이다. 해변의 길이는 약 700m이며 폭은 50m로 가장 큰 규모를 자랑한다. 소어산 공원의 바로 옆에 있어 붉은 지붕의 유럽 느낌의 풍경과 반대쪽으로는 칭다오 신시가지의 고층 빌딩이 한눈에 들어온다. 2016년에는 바다에 대형 그물을 설치해 상어와 같은 대형 어류, 해파리 등이 해수욕장으로 접근하는 것을 막고 있다.

주소 青岛市 市南区 南海路 15号 / 15 Nan Hai Lu, Shinan Qu 위치 버스 26, 202, 214, 219, 223, 228, 304, 311, 312, 316번을 이용해 해수욕장(海水浴场) 정

류장에서 하차 후 도보 3분 시간 통상 7월~9월 말 개장 요금 무료

Restaurant & Café
구시가지의 레스토랑과 카페

구시가에 있는 음식점은 대부분 중국 전통 음식점이 많다. 피차이위엔의 꼬치구이 거리에 있는 노점은 식사는 물론 여행 중 간식을 먹기도 좋은 곳이고, 100년이 넘는 역사를 갖고 있는 춘화루의 만두는 칭다오의 명물이기도 하다. 음식점은 대부분 중산로에 모여 있고, 천주교당 주변에는 개성 있는 작은 카페들이 모여 있다. 칭다오 역 앞에는 KFC와 피자헛, 잔교 앞에는 카페베네와 뚜레쥬르도 있다.

¶¶ 현지 레스토랑

춘화루 春和楼 [춘허루] ★★★

한국어 메뉴판도 있는 칭다오의 대표 음식점

1891년에 개업한 오랜 역사를 자랑하는 음식점이다. 중국 8대 요리 중 하나인 산둥 반도의 요리를 전문으로 한다. 중국식 닭튀김인 시앙수지香酥鸡, 삶은 돼지 대창을 튀겨서 조리하는 주좐다창九转大腸, 잉어를 땅콩기름에 튀긴 탕추황허리위糖醋黄河鲤鱼 등이 대표적인 산둥 요리다. 오랜 역사를 갖고 있는 만큼 칭다오시에서 칭다오의 명물 요리로 선정한 11개의 메뉴가 있으며, 찐만두蒸饺[쩡지아오]는 우리나라 여행자들에게 특히 인기가 많다. 새우살교자虾仁蒸饺, 삼선교자三鲜蒸饺도 인기 메뉴다. 한국어 메뉴판과 사진이 있는 메뉴판도 있기 때문에 어렵지 않게 주문할 수 있다.

주소 青岛市 市南区 中山路 146号 **위치** ❶ 중산로 북부에 위치, 피차이위엔에서 도보 3분 ❷ 버스를 이용하여 중국극원(中国剧院) 정류장에서 하차 후 내리막길을 따라 도보 3분 **전화** 0532-8282-4346 **시간** 10:00~21:00

삼합원수교 三合园水饺 [싼허위안 수이찌아오] ★★

칭다오의 대표적인 물만두 전문점

춘화루와 함께 중산로에 있는 가장 대표적인 중국 음식점으로 1930년대에 창업해 칭다오 여러 지역에 매장을 운영하고 있는 물만두 전문점이다. 외국인 관광객도 많이 찾는 곳인데 영어나 사진이 있는 메뉴판이 없다는 것이 단점이지만 추천 메뉴에는 알아보기 쉽게 별표가 있고, 메뉴마다 번호가 있기 때문에 비교적 쉽게 주문할 수 있다. 메뉴판의 오른쪽 아래가 물만두 水饺이며 위쪽은 주로 곁들여 먹는 간단한 요리이다. 물만두 중 가장 인기 있는 만두는 돼지고기, 새우, 부추가 들어간 삼선수교三鲜水饺로, 1인분에 20개씩 나온다.

주소 青岛市 市南区 河南路 22号 위치 잔교에서 중산로 한 블록 좌측의 헤난 로드를 따라 도보 7분, 중산로 바로 옆 블록 전화 0532-8286-8562 시간 09:00~21:00

홍옥 红屋(湖北路店) [홍우] ★

대만식 스테이크 패밀리 레스토랑

대만의 회사에서 운영하는 스테이크 패밀리 레스토랑이다. 우리나라의 스테이크 전문점과는 달리 대부분의 메뉴가 소스와 곁들여져 나오며, 수프, 샐러드, 파스타, 달걀 프라이 등이 함께 나오는 대만식 스테이크이기 때문에 고기 본연의 맛을 즐기기는 조금 어려운 편이다. 스테이크 메뉴의 가격은 60~90元 정도이며 이 밖에도 수프, 샐러드, 파스타, 볶음밥 등의 메뉴가 있다. 테이블 세팅에 있는 물티슈는 2元으로 별도 계산을 해야 한다. 여행자들이 많이 가는 타이동루 야시장에도 매장이 있다.

주소 市南区 湖北路 12号 위치 칭다오 역에서 피차이위엔 방향으로 도보 약 10분 전화 0532-8202-1176 시간 09:00~23:00

이선생 우육면 李先生 牛肉面 [리시엔셩 뉴러우미엔] ★

중국의 대표적인 패스트푸드

미스터 리로 불리던 중국계 미국인 리베이치李北祺가 1987
년 베이징에서 '캘리포니아 우육면 왕美国加州牛肉面大王'이
라는 이름으로 오픈한 대표적인 중국식 패스트푸드 체인점이
다. 현재 중국 전역에 700개 이상의 점포가 있다. 이선생 우
육면의 첫 시작은 1972년 미국 캘리포니아였는데, 그 당시
에도 KFC의 로고와 비슷하다는 논란이 있었다. 메뉴판에 사
진이 있어 쉽게 주문할 수 있다. 우육면 외에도 볶음밥, 디저
트 등 다양한 음식이 있다. 자리에 앉아서 주문을 하고 선불
결제를 해야 한다.

칭다오역점(구시가) 李先生 火车站店
주소 青岛市 市南区 쯔山路 28号 위치 칭다오 역 광장에서 도보 2
분, 맥도날드 건너편 전화 053-8287-0203 시간 06:30~19:30

홍콩중로점(신시가) 李先生 香港中路店
주소 青岛市 市南区 香港中路 84号 위치 이온 쇼핑몰에서 도보 5분,
신화 서점 건너편 전화 0532-8578-0066 시간 07:20~24:00

🗨 카페&디저트

바리스타 MIC Barista MIC ★★

세련된 분위기에서 커피를 맛볼 수 있는 곳

중산로의 중간쯤 천주교당으로 가는 길에 있다. 같은 건물에 있는 유스호스텔에
서 운영하는 카페 겸 바 해후주파邂逅酒吧와 입구를 같이 사용하여 입구의 오른
쪽으로 들어가야 바리스타 MIC다. 클럽 느낌의 개성 있는 입구와는 달리 내부에
는 차분한 인테리어와 함께 감성적인 그림들이 전시되어 있다. 칭다오 바리스타 챔피
언십 2연패를 한 오너가 직접 준비하는 MIC 스페셜 커피, 한 곳의 농장에서 생산된 단일 원두로 커피를 내린
Single Original Espresso와 같은 카페 메뉴는 물론, 피자와 롤케이크, 맥주 등을 판매하고 있다. 무료 와
이파이를 이용할 수 있으며, MIC는 Made In China의 약자다.

주소 青岛市 市南区 肥城路 11号 위치 잔교에서 도보 약 15분, 중산로에서 천주교당으로 올라가는 길 전화 185-6261-
9128 시간 09:00~24:00

타미 보이 커피 | 汤米男孩 TOMMY BOY COFFEE ★

벽난로가 있는 아늑한 카페

중국 주요 도시에 200여 개의 체인점을 운영하고 있는 타미 보이는 커피뿐만 아니라 대만식 차와 버블티, 이탈리아 스타일의 피자를 비롯한 식사 메뉴도 다양하다. 오래된 유럽식 건물에 있는 카페의 내부에는 실제 나무 장작을 태우고 있는 벽난로가 있어 아늑한 느낌을 더해 준다. 창가가 있는 2층에서는 중산로의 풍경을 바라보며 여유로운 시간을 보낼 수 있다.

주소 青岛市 市南区 中山路 117号 위치 ❶ 중산로 (낮은 언덕으로 된 중산로에서 가장 높은 곳, 거리의 중간에 위치) ❷ 버스 2, 6, 8, 221, 228, 412번 이용하여 중국극원 (中国剧院) 정류장에서 하차 후 도보 5분 전화 0532-8282-9597 시간 08:30~22:00

789센 커피 | 789SEN Coffee ★★★

달콤한 비가 내리는 커피

매일 아침 원두를 직접 로스팅하고, 수제 쿠키를 굽는 작고 아담한 카페다. 카페의 이름인 789SEN은 사장이 79년생이면서 98학번이라는 데서 따왔다고 한다. 좋은 원두를 쓰기 때문에 기본 커피도 괜찮지만, 스페셜 커피를 선택해 보자. 스페셜 커피는 블랙티 커피, 티라미스 커피, 스위트 레인 오브 커피가 있으며 커피 위에 솜사탕을 올려 달콤한 비가 내리는 것을 표현한 스위트 레인 오브 커피(45元)는 보는 즐거움까지 있는 인기 메뉴다. 자신 있게 추천하는 원두로 직접 내린 드립 커피(10元)도 판매하고 있다.

주소 青岛市 市南区 高密路 80号 위치 피차이위엔 건너편, 골목으로 들어가서 도보 1분 (오른쪽에 위치) 전화 0532-8283-2377 시간 09:30~22:00

소로 커피관 小路咖啡馆 [시아오루 카페이관] ★ ★ ★

신문사에서 선정한 칭다오 카페 Top 10

라오서 고택의 바로 앞에 위치한 카페다. 2015년 칭다오 신문사에서 선정한 '칭다오의 카페 Top 10' 중 한 곳이다. 카페 옆에는 아기자기한 수공예품을 직접 만들어 판매하는 상점이 있다. 두 상점이 함께 꾸미는 예쁜 담장과 작은 정원의 테라스석이 인상적이다. 테이블이 5개 정도 밖에 없는 아담한 카페는 잠시 쉬어 가기 좋다. 커피와 차 메뉴는 영문 메뉴가 있고, 매일 바뀌는 케이크와 디저트류는 주인이 안내해 준다.

주소 青岛市 市南区 大学路 14号(8号楼) 위치 지하철 3호선 인민회당(人民会堂) 역 B 출구에서 도보 3분, 라오서 고택 건너편 예쁜 담장 안쪽 전화 186-5329-5908 시간 09:30~21:30

양우서방 良友書坊 [량여유 수팡] ★ ★

20세기 초 서점의 모습을 콘셉트로 한 카페

칭다오 우전 박물관 1층에 자리 잡고 있는 카페다. 20세기 초 서점의 분위기를 테마로 하고 있다. 카페 한편은 갤러리를 운영하고 있다. 카페 곳곳이 예스러운 소품으로 장식되어 있고, 실제로 읽을 수 있는 책들도 많다. 중국의 전통미가 더해진 문구류와 기념 엽서 등을 판매하는 기념품 코너도 있다. 주로 커피 메뉴가 많지만 라오산 녹차와 케이크 등의 메뉴도 갖추고 있다.

주소 青岛市 市南区 安徽路 5号 위치 칭다오 우전 박물관 건물 1층 / 잔교에서 도보 약 5분, 라오서 공원 가는 길 전화 0532-8286-3900 시간 09:30~21:00

타임캡슐 时间胶囊咖啡 [스찌엔 찌아오낭 카페이] Time Capsule ★ ★

볼거리가 가득한 빈티지 카페

루쉰 공원과 소청도 공원 사이에 있는 작은 카페다. 이름처럼 타임캡슐에서 꺼낸 듯한 오래된 소품들이 카페 내부를 가득 채우고 있다. 테이블 4개의 작은 카페이지만 시간의 흔적이 묻어 있는 타자기와 카메라, 벽에 걸린 그림과 사진이 가득하다. 테이블마다 다른 모양의 오래된 전등과 촛불을 켜둔다. 커피와 라오산의 녹차, 허브차를 판매하고, 맥주와 모히토 같은 주류도 있다. 식사를 겸한다면 피자나 샌드위치를 추천한다. 바로 옆에는 현지인들을 상대로 하는 작은 식당 몇 곳이 모여 있다.

주소 青岛市 市南区 琴屿路 7号 위치 해군 박물관에서 소청도 공원 가는 길 / 소청도 공원에서 도보 약 10분, 루쉰 공원에서 도보 약 5분 전화 0532-8280-6444 시간 10:00~22:00

수려한 풍경과 맥주 박물관을 만날 수 있는 곳

팔대관과 시북구 일대
八大关·市北区

중국과 유럽의 분위기가 조화를 이루고 있는 청다오 구시가와 세련된 고층 빌딩이 모여 있는 신시가 사이에 자리한 팔대관 일대는 수려한 풍경을 자랑하는 곳이다. 도심 한가운데 넓게 펼쳐진 중산 공원의 짙은 녹음과 시원한 바다 풍경과 함께 여유로운 시간을 보내기 좋다. 해안 산책로에 있는 팔대관에서부터 청다오 시내에서 가장 높은 전망대인 TV 타워가 있는 중산 공원까지 푸른 녹지대가 이어지고, 중산 공원을 넘어가면 와인 박물관과 맥주 박물관을 지나 타이동 야시장이 있는 시북구 지역이 나온다.

팔대관

❶ 칭다오 역(구시가)에서 26, 311, 312, 316, 321번 등의 버스를 이용하여 중산 공원中山公園, 무성관로武胜关路 버스 정류장까지 약 20분

❷ 부산소(신시가 까르푸 앞)에서 26, 311, 312, 316, 321번 등의 버스를 이용하여 중산 공원中山公園, 무성관로武胜关路 버스 정류장까지 약 15분

❸ 지하철 3호선 중산 공원中山公園, 태평각 공원太平角公園 역 일대

시북구

❶ 칭다오 역(구시가)에서 1, 25, 307번 버스를 이용하여 약 30분 / 2元

❷ 부산소(신시가 까르푸 앞)에서 25, 104, 110번 버스를 이용하여 약 30분 / 2元

팔대관·시북구 일대

Best Course

구시가와 신시가 사이에 있는 중산 공원과 팔대관 풍경
구는 지하철 또는 버스를 이용해 갈 수 있다. 하지만 중
산 공원의 북쪽에 있는 타이동 야시장과 맥주 박물관
은 지하철 노선이 없기 때문에 버스 또는 택시를 이용
해야 한다. 오전에 팔대관 풍경구, 오후에 맥주 박물관
관람 후 저녁 시간에 맥주 거리와 타이동 야시장을 방문해
보자.

★	도보 10분	★	도보 5분	★	로프웨이 5분	★
팔대관 풍경구		중산 공원 내 칭다오 동물원		중산 공원		칭다오 TV 타워

로프웨이 5분

★	도보 5분	★	버스 20분	★
타이동 야시장		맥주 박물관		칭다오 식물원

제2 해수욕장

팔대관 八大关 Bādàguān [빠따관]

중국의 5대 아름다운 도시 구역

1930년대부터 조성되기 시작한 팔대관 지역에는 독일, 영국, 프랑스, 네덜란드 등 여러 국가의 건축 양식으로 지은 저택과 별장 200여 채가 모여 있어 만국 건축 박물관이라는 별명을 갖고 있다. 중국인 부호와 유명 인사들의 주거지와 별장이었기 때문에 문화 혁명 기간에도 훼손되지 않고, 점차 규모가 커져 5·4 광장 근처까지 그 분위기가 이어져 있다. 건물의 정원과 공원이 조화를 이루며 에쁜 건물 사이로 울창한 숲길과 아름다운 꽃길이 펼쳐지는 중국의 5대 아름다운 도시 구역으로, 10대 역사 문화 거리로 선정되기도 했다. 차량 통행을 금지하고 있고, 예스러운 건물과 자연이 어우러져 산책과 웨딩 촬영의 명소로 언제나 사람들로 붐빈다.

주소 青岛市 市南区 正阳关路 위치 ❶ 칭다오 역(구시가)에서 버스 26, 311, 312, 316, 321번 등을 이용 무성관로(武胜关路) 정류장까지 약 20분 ❷ 부산소(신시가 까르푸 앞)에서 버스 26, 311, 312, 316, 321번 등 이용 무성관로(武胜关路) 정류장까지 약 15분 ❸ 지하철 3호선 중산 공원 역 C 출구, 태평각 공원 역 B 출구에서 도보 약 3분

Tip 자전거 대여 自行车出租行 BIKE RENTAL

팔대관을 편하게 볼 수 있는 자전거 대여

중산 공원에서 팔대관으로 도보로 이동하는 길에 자전거 대여점이 있다. 대여할 때 신분증은 필요 없고, 자전거의 종류에 따라 300~500元의 보증금(Depoist)만 있으면 된다. 비용은 시간당 20元, 하루를 빌릴 경우 80元이다. 자물쇠가 없는 경우 화석루나 공주루 등의 건물에 들어갈 수 없으니 팔대관을 둘러보기 위해 자전거를 대여한다면 반드시 자물쇠를 확인해야 한다. 기간에 따라 자전거 진입을 금지할 수도 있는데, 이런 경우에도 자전거 금지 구역은 입구에 묶어 두거나 끌고 다녀야 한다.

주소 青岛市 市南区 汇泉路 12号 위치 중산 공원 정문에서 도보 약 15분, 팔대관 풍경구에서 도보 약 5분 전화 0532-8589-5928 요금 20元/1시간, 80元/하루, 보증금 300~500元

중국의 유명한 관문

팔대관 지역은 10개의 도로가 교차
한다. 본래 만리장성의 주요 관문에
서 이름을 따온 8개의 도로가 교차
하여 팔대관이라는 이름이 붙었다.
산해관, 함곡관, 가욕관, 무승관, 거
용관, 임회관, 자형관, 정양관의 8개 도로
는 팔대관 일대를 걷다 보면 볼 수 있다. 특히,
무승관은 버스 정류장 이름이기도 하니 기억해 두는
것이 좋다.

- **산해관**山海关 : 만리장성 동쪽 끝의 천하제일관에 해당하는 관문
- **함곡관**涵谷关 : 동쪽의 중원으로부터 서쪽의 관중으로 통하는 요지
- **가욕관**嘉峪关 : 만리장성 서쪽 끝에 있는 관문. 동서 교통의 요지로, 실크로드로 이어짐
- **무승관**武勝关 : 다베 산맥大別山脈에 속한 남북 교통상의 요지로, 양쯔강 유역에 이르는 지름길이며
  오래 전부터 군사상의 분쟁지
- **거용관**居庸关 : 베이징 북서쪽의 관문. 바다링八達嶺 기슭에 있는 협곡으로 몽골 고원으로 가는 통로
- **임회관**臨淮关 : 안휘성 북부의 도시, 오래전 상업 중심지로 청나라 때 세금 징수를 위해 설치된 관문
- **자형관**紫荊关 : 하북성 바오딩保定에 있는 8대 관문으로 동한 시대부터 중요한 관문
- **정양관**正阳关 : 안휘성 서부, 수현 남서쪽의 요지. 오래전부터 농산물이 모이는 곳으로 중요한 지역

📷 공주루 公主楼 [꿍주러우]

덴마크의 공주를 위해 지은 별장

불규칙한 모양의 지붕을 한 덴마크 전통 양식의 건
물로, 바다의 풍경을 바라볼 수 있는 넓은 테라스를
갖추고 있다. 칭다오를 방문 예정이었던 덴마크 공
주를 위해 지어진 건물이라 이름도 공주루다. 내부
로 들어가면 공주를 위해 준비한 가구와 소품들이
전시되어 있고, 정원은 덴마크의 동화 작가 안데르
센의 작품 속 주인공들로 꾸며져 있다. 건물과 주변
의 이국적인 분위기 덕분에 웨딩 사진 촬영 장소로
유명하다.

주소 青岛市 市南区 居庸关路 10号 위치 ❶ 팔대관 풍
경구 내 ❷ 중산 공원 정문에서 도보 약 20분 ❸ 무성
관로(武胜关路) 버스 정류장에서 도보 약 15분 시간
09:00~16:00 요금 15元

🔴 화석루 花石楼 [화쓰러우]

팔대관을 대표하는 건물

1930년대 러시아에서 이주해 온 부호 게라시모프 Gerasimov가 해변에 지은 저택으로 팔대관에서 가장 화려하고, 유명하다. 공주루가 일반에 개방되기 전에는 팔대관의 건물 중 유일하게 일반인이 들어갈 수 있는 곳이었다. 한 건물에 고딕 양식과 그리스 양식이 혼재하는 특이한 건물로, 해변에서 보면 언덕에 있는 유럽의 성처럼 보인다. 화강암과 자갈을 이용한 독특한 양식이 화려함을 더하고, 돌로 만든 꽃을 뜻하는 화석루라는 이름으로 불리게 되었다. 건물은 총 5층이며, 장제스蔣介石가 칭다오에 방문했을 때 세 번이나 이곳을 숙소로 이용하면서 장제스의 건물이라 불리기도 한다. 장제스가 머물렀을 당시를 재현한 집무실과 가구 등이 전시되어 있고, 테라스에서 제2 해수욕장과 팔대관의 풍경을 한눈

에 담을 수 있다.

주소 青岛市 市南区 黄海路 18号 **위치 ❶** 팔대관 풍경구 내 **❷** 중산 공원 정문에서 도보 약 30분 **❸** 무성관로(武胜关路) 버스 정류장에서 도보 약 15분 **❹** 제2 해수욕장에서 도보 3분 **시간** 08:00~18:00 **요금** 5元

🔴 산해관로 山海关路 [산하이꽌 루]

팔대관의 대표적인 건물이 모여 있는 거리

화석루에서 제2 해수욕장의 입구까지 이어지는 산해관로는 팔대관의 건물 중에서도 가장 고급스러운 건물들이 모여 있는 곳이다. 현재 모든 건물이 개인 사유지이기 때문에 안에 들어갈 수는 없지만 외관을 보는 것만으로도 충분하다. 산해관로 1호는 1933년 문예부흥 시기에 지어진 독특한 건축 양식을 갖고 있으며 유럽의 영사와 중국 정부의 고위층이 거주했던 곳이다. 1943년 중국 건축가가 지은 서양식 건물 산해관로 3호 옆에는 작은 카페를 운영하고 있다.

주소 青岛市 市南区 山海关路 **위치** 화석루에서 제 2해수욕장으로 정문 출입구 방향 일대

🔴 제2 해수욕장 第二海水浴场 [띠얼 하이수이위창]

산책을 즐기기 좋은 해수욕장

팔대관에서 이어지는 해수욕장으로 수심이 깊지 않고 파도가 잔잔해 우리나라의 서해와 비슷한 느낌이다. 여름이 되면 해수욕을 즐기는 인파로 붐비고, 수영을 할 수 없는 기간에도 웨딩 사진을 찍는 커플이 자주 눈에 띈다. 바다를 보기 위해 수백, 수천 km를 이동해야 하는 내륙의 중국인들에게는 특별한 웨딩 사진을 찍기 위해 일부러 찾는 곳이다. 제2 해

수욕장의 해변은 생각보다 넓지 않지만 나무 데크로 된 산책로가 잘 조성되어 있다. 참고로 칭다오 시내의 제1, 제2, 제3 해수욕장 중 해수욕을 즐기기 가장 좋은 곳은 잔교 인근의 제1 해수욕장이다.

주소 青岛市 市南区 山海关路 6号 **위치** 팔대관 풍경구에서 연결, 화석루에서 도보 3분 **요금** 입장료(여름) 2元, 샤워 시설 10元

빨간 웨딩 드레스

팔대관 풍경구와 잔교, 칭다오 시내의 해변에 가면 웨딩 촬영을
하는 커플들이 가득하다. 중국 내륙에 사는 사람들은 평생 바
다를 보지 못하는 경우도 많다고 한다. 바다를 보려면 몇 날 며
칠을 이동해야 하는 사람들도 있기 때문에 평생의 중요한 순간
인 결혼식과 웨딩 촬영을 위해 칭다오를 찾기도 한다. 에메랄
드빛의 바다와 새하얀 백사장이 아니더라도 중국인들에게는
큰 의미가 된다.

그런데, 웨딩 사진을 찍는 모습을 가만히 보다 보면 흔히 생
각하는 하얀 드레스를 입은 신부는 많지 않다. 중국인들은
하얀색과 검은색을 불길한 색으로 여기기 때문에 하얀 드레
스, 검은 턱시도보다는 색이 있는 것을 선호한다. 특히, 빨
간색이나 핑크색 드레스가 많은 편이다.

빨간색은 행운을 가져오고, 액운을 쫓는 색깔로 여겨진다.
결혼식뿐 아니라 우리나라의 설날과 같은 중국의 춘제 기
간에는 온통 붉은 장식으로 가득하다. 춘제 기간에 밤낮으
로 터지는 폭죽도 십중팔구 붉은 불빛을 보인다.

빨간색은 긍정적인 표현에도 쓰인다. 인기 스타를 홍싱红星, 윗사람에게 인정받거나 잘나가는 사람을 홍런
红人, 주식 배당금과 초과 배당금을 홍리红利라고 한다. '붉을 홍红', 이 한 글자에 경사로운 표현이 모두 들어
가 있다.

중국 사람들이 좋아하는 색을 꼽으라면 노란색도 있다. 오래전부터 황제의 색깔이며, 권위와 부를 상징했다.
황제가 입던 옷이나 집기, 심지어는 자금성의 지붕까지 모두 황금색 아니면 노란색이다. 하지만, 전통적으로
가장 선호했던 노란색黄色이 현대에서는 음란물을 뜻하기도 한다. 이는 공산당이 집권하면서 황제에 대한
부정적인 인식을 만들기 위해서였다는 설도 있다.

중산 공원 中山公园 [쭝산 꿍위안]

칭다오 시내에 자리한 넓은 공원

칭다오의 구시가와 신시가 사이에 있는 해발 148m의 태평산에 둘러싸인 공원이다. 칭다오에서 가장 높은 산이기도 한 태평산은 독일인들이 함포를 두면서 함포의 이름인 '일티스Iltis 산'이라 부르기도 하고, 일본인이 점령했을 때는 아침 해가 뜨는 산을 뜻하는 '아사히야마旭山'라 부르기도 했다. 1929년 손문(손중산)에 대한 존경의 표시로 중산 공원이라 이름이 변경되어 지금까지 이어지고 있다. 남쪽으로는 팔대관 풍경구와 해변으로 이어지는 넓은 공원이다. 독일인들이 칭다오에 들어온 이후 삼림 공원으로 조성되기 시작했으며 4만m²의 넓은 공간에 170여 종의 꽃과 나무가 심어져 있다. 1914년 일본이 칭다오를 점령한 후에는 1km에 이르는 벚꽃 길이 만들어졌고, 매년 5월 초에는 벚꽃 축제가 열린다. 7월 말부터 8월 중순까지는 30년 역사의 등불 축제, 가을에는 국화 축제 등의 크고 작은 이벤트가 개최된다.

주소 青岛市 市南区 文登路 28号 / 28 Wen Deng Lu, Shinan Qu **위치 ❶** 칭다오 역(구시가)에서 버스 26, 31, 312, 316번 등 이용 중산 공원(中山公園) 정류장까지 약 20분 **❷** 부산소(신시가 까르푸 앞)에서 버스 26, 311, 312, 316, 321번 등 이용 중산 공원(中山公園) 정류장까지 약 15분 **❸** 지하철 3호선 중산 공원(中山公園) 역 A 출구에서 도보 3분 **전화** 0532-8287-0564 **시간** 09:00~21:00 **요금** 무료

케이블카 탑승장 (TV 타워행)

칭다오 동물원

칭다오 식물원

빚꽃 길

놀이동산

분수대

유러피안 정원

중산 공원 정문

지하철 중산 공원 역 (A, B 출구)

Tip 공원 진입 시 주의 사항

신시가 방향에서 버스를 타고 이동하면서 중산 공원 정류장에서 내리면 정문 출입구로 가기 전에 차량 출입구가 있다. 이곳으로도 중산 공원 내부로 들어갈 수 있지만, 오르막길과 막다른 길이 나오기도 하기 때문에 길을 헤매기 쉽다. 정문 출입구는 넓은 광장이 있는 곳이다.

ⓘ 중산 공원 로프웨이 中山公园 索道 [쭝산 공위안]

중산 공원, 태평산, 식물원을 연결하는 로프웨이

중산 공원에서 칭다오 TV 타워가 있는 태평산, 식물원이 있는 담산사湛山寺까지 연결되는 로프웨이다. 로프웨이는 편도 없이 무조건 왕복 100元 티켓만 있다. 태평산을 중심으로 중산 공원과 식물원으로 연결되는 로프웨이는 총 1.1km 구간이며, 각 구간 7~8분 정도가 소요된다. 칭다오의 해변과 도시의 멋진 풍경을 몸소 느낄 수 있는 시설이다. 중산 공원에서 칭다오 TV 타워로 갈 때 이용하면 좋지만 인원이 많다면 시내에서 칭다오 TV 타워까지 택시를 타고 이동하고 태평산에서 걸어서 식물원이나 중산 공원으로 내려가는 것이 합리적이다.

위치 ❶ 중산 공원 역 : 중산 공원 내 동물원 출입구 인근,

중산 공원 정문에서 도보 10분 ❷ 태평산 역 : 태평산 정상, 칭다오 TV 타워에서 도보 5분 ❸ 담산사 역 : 칭다오 식물원(보타닉 가든) 북쪽, 정문에서 도보 10분 **시간** 09:00~16:00 / 우천, 강풍으로 운행 중단하는 경우 있음 **요금** 왕복 100元

칭다오 TV 타워 青岛电视塔 [칭다오 띠엔스타]

중산 공원 북쪽에 자리한 전망 타워

중산 공원 북쪽의 태평산에 자리 잡고 있는 348m 높이의 TV 타워는 2008년 올림픽 때 칭다오에서 진행된 요트 경기를 세계로 송신한 방송 송수신탑으로, 관광객들은 시내 전망을 보기 위해 이곳을 찾는다. 타워 곳곳에서 올림픽 당시 모습을 전시하고 있어 흡사 올림픽 기념관 같은 느낌이 들기도 한다. 입장료는 두 가지로 나뉘는데, 70元 티켓은 226m 높이의 전망대와 231m에 있는 노천 전망대까지 갈 수 있고, 100元 티켓은 248m 높이에 있는 전망 카페, 체험 시설이 있는 고공 체험청(전망대)을 포함한 전망대의 모든 곳을 갈 수 있다. 전망대를 내려올 때는 3층에서 내려 기념품 가게, 민예품 전시장 등을 보면서 1층 출구로 이동하게 된다. 소어산 전망대, 신호산 전망대와 함께 칭다오를 대표하는 3대 전망대로 가장 높은 곳에 위치한다. 단, 전망대의 창문이 깨끗하지 못하고, 고공 체험청 전망대의 체험 시설 수준이 높은 편은 아니니 맑은 날 70元의 입장료를 내고 노천 전망대에 오르는 것이 가장 좋다.

주소 青岛市 市南区 太平山路 1号 / 1 Taipingshan Rd, Shinan Qu 위치 ❶ 중산 공원 내부 ❷ 중산 공원, 담산사에서 로프웨이 이용 약 8분 / 왕복 100元 ❸ 구시가 또는 신시가에서 택시 이용 약 20분 / 약 20元 전화 0532-8365-4020 시간 하절기 08:00~20:00 / 동절기 08:45~17:30 요금 50元(231m까지), 80元(248m까지)

환상의 여행

고공 체험청(전망대)

파노라마 카페

노천 전망대

고공 관광청

3층 공예품 상점

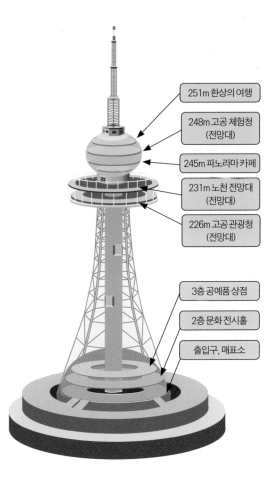

251m 환상의 여행

248m 고공 체험청
(전망대)

245m 파노라마 카페

231m 노천 전망대
(전망대)

226m 고공 관광청
(전망대)

3층 공예품 상점

2층 문화 전시홀

출입구, 매표소

2층 문화 전시홀

칭다오 동물원 青岛动物园 [칭다오 뚱우위안]

판다를 만날 수 있는 동물원

1915년에 작은 동물원으로 시
작된 칭다오 동물원은 지속적
으로 규모를 키워 1977년 현
재의 모습을 갖추게 되었다.
현재 약 150종, 1,500여 마리의 동물이 있으며 이
중에서도 단연 인기 있는 동물은 판다다. 중국인들
이 가장 좋아하는 동물인 만큼 사육 시설도 다른 동
물들과 비교해 지나치게 좋은 편이다. 동물원은 중
산 공원의 벚꽃 길을 중심으로 서구西区와 동구东
区로 나뉘어 있는데, 판다를 비롯한 대부분의 동물
은 서구에 있으며, 동구에는 호랑이와 곰이 있다.
동물원에는 어린이들을 위한 시설도 있는데, 직접
동물을 만지고 체험하는 코너도 있다. 동물원은 남
쪽에서 북쪽으로 오르막이 있기 때문에 유모차가
있거나 아이와 함께 간다면 동쪽 출입문을 이용하

는 것보다는 북쪽의 정문을 이용하는 것이 편하다.

주소 青岛市 市南区 延安一路 102号 / 102 Yan'an 1st
Rd, Shinan Qu 위치 ❶ 중산 공원 내 ❷ 와인 박물관에
서 도보 약 5분(동물원 북문 기준) 전화 0532-8287-
9909 시간 08:00~17:00 요금 8.5元

칭다오 식물원 青岛植物园 [칭다오 쯔우위안]

산책하기 좋은 도심의 숲

1976년에 설립된 칭다오 식물원은 중산 공원과 칭다오 TV 타워가 있는 태평산에서 로프웨이로 연결이 된다. 중산 공원과 마찬가지로 무료이고, 식물원의 북쪽에는 담산사가 있어 칭다오 현지인들은 산책로로 중산 공원보다 식물원을 더 많이 찾는다고 한다. 식물원의 입장은 무료이지만 삼림낙원, 식물정품원은 별도의 입장료를 내고 들어가야 한다. 여행객들은 식물원과 담산사를 산책하고 로프웨이를 이용해 칭다오 TV 타워를 보고 중산 공원, 동물원으로 내려가는 동선을 이용하는 것이 좋다.

주소 青岛市 市南区 郧阳路 33号 / 33 Yunyang Rd, Shinan Qu 위치 ❶ 중산 공원 내부 ❷ 태평산 로프웨이(TV 타워, 중산 공원 역에서 탑승) 칭다오 식물원 역에서 바로 연결 ❸ 칭다오 역(구시가)에서 버스 26, 311, 312, 316, 321번 등 이용하여 홍콩서로태평각6로(香港西路太平角六路站) 정류장까지 약 25분, 정류장에서 도보 5분 ❹ 부산소(신시가 까르푸 앞)에서 버스 26, 311, 312, 316, 321번 등 이용하여 홍콩서로태평각6로(香港西路太平角六路站) 정류장까지 약 10분, 정류장에서 도보 5분 전화 0532-8389-7907 시간 봄 · 겨울 08:00~17:00, 여름 · 가을 08:00~17:30 요금 식물원 무료, 삼림낙원(森林乐园) 10元, 식물정품원(植物精品园) 5元

📷 백년 독일 와인 셀러 百年德国大酒窖 [빠이니엔 더궈 따찌우찌아오]

백년 전 독일인이 지은 와인 셀러

담산사 로프웨이에서 내리면 바로 옆에 지하로 내려가는 허름한 문이 보인다. 이곳은 오래 전 독일인들이 칭다오에 머물면서 와인을 보관하기 위해 만든 곳이다. 100여 년 전 칭다오의 사진과 오래된 와인병, 오크통 등이 전시되어 있다. 이곳을 지나면 와인과 기념품을 판매하는 곳과 식물원으로 연결되는 로프웨이 출구가 나온다.

위치 중산 공원 로프웨이 담산사 역 내리는 곳 바로 옆 / 칭다오 식물원 입구에서 도보 약 15분 시간 태평산 로프웨이 운영 시간과 동일 요금 무료

담산사 湛山寺 [잔산쓰]

칭다오에서 가장 큰 불교 사찰

중국 근대에 건축된 유명한 불교 사찰 중의 하나다. 중산 공원의 동쪽 끝에 있는 경내에는 엄청난 규모의 법당 및 다양한 표정을 가진 불상과 해태상 등이 있으며 실제로 노란 옷을 입고 있는 승려들을 볼 수 있다. 곳곳에 불공을 드리는 신자들이 있는데, 우리와 조금 다른 불공 문화를 지켜보는 것도 꽤 흥미롭다. 중국 사찰의 고즈넉한 분위기를 느끼며, 한가로운 시간을 보내기 좋다. 담산사에 들어가는 것은 입장료가 있지만, 8층탑 옆의 정자는 무료로 올라갈 수 있고, 담산사 뒤쪽의 인민 혁명 기념관에서는 담산사와 함께 칭다오 신시가의 풍경을 내려다볼 수 있다.

주소 青岛市 市南区 芝泉路 2号 / 2 Zhiquan Rd, Shinan Qu 위치 ① 칭다오 식물원에서 연결, 태평산 로프웨이 칭다오 식물원 역에서 도보 약 5분 ② 버스 370, 604번을 이용하여 담산사(湛山寺) 정류장에서 하차 후 도보 1분 ③ 지하철 2호선 즈취안루 역(芝泉路) C 출구에서 도보 5분 전화 0532-8386-2038 시간 08:00~17:00 요금 5元

거림 공원 榉林公园 [쥐린 꽁위안]

산과 바다를 테마로 꾸민 공원

중산 공원의 북쪽, 중산 공원과 동물원을 기준으로는 태평산 너머에 있는 공원이다. 18만m²의 공원은 1985년에 조성되었으며 태평산과 이어지는 만큼 삼림이 풍부하며, 산비탈에는 느티나무가 많아 느티나무 공원이라 불리기도 한다. 바다의 도시 칭다오에 어울리는 인공 호수와 바다를 바라보는 정자인 망해각望海阁, 아름다운 풍경을 볼 수 있는 정자 만경정万景亭 등이 있다. 휴일에는 호수에서 보트를 타거나 낚시를 하는 모습을 볼 수 있다.

주소 青岛市 市南区 太平山路 1号 / 1 Taipingshan Rd, Shinan Qu 위치 ① 칭다오 TV 타워에서 도보 5분(내리막길, 만약 거림 공원에서 TV 타워로 올라갈 경우 15~20분) ② 버스 3, 11, 36번 이용하여 거림 공원(榉林公园) 정류장에서 하차 후 도보 5분 ③ 지하철 2호선 즈취안루 역(芝泉路) A 출구에서 도보 10분 전화 0532-8364-3831 요금 무료

회천 광장 汇泉广场 [후이취엔 광창]

중산 공원과 팔대관 풍경구 사이의 광장

독일이 칭다오에 군사 훈련장을 조성하고, 경마장과 축구장 등을 지은 곳이 지금의 회천 광장 일대이다. 중산 공원과 팔대관 풍경구 사이에 있으며, 신시가와 구시가를 연결하는 도로인 원덩루文登路가 광장 가운데를 가로지르고 있어 여행 중 자연스레 지나가게 된다. 광장 북쪽에는 근대 중국의 무술 변법 운동으로 유명한 강유위康有为의 고택과 묘지가 있다. 광장 남쪽에 있는 종합 운동장인 천태 체육장天泰体育场은 칭다오뿐 아니라 중국 국내에서도 손꼽히는 큰

스포츠 행사 장소다.

주소 靑岛市 市南区 文登路 위치 ❶ 중산 공원 남문에서 대각선 건너편 ❷ 지하철 3호선 회천 광장(汇泉广场) B 출구 바로 앞

칭다오 자전거 클럽 TREK 青岛无极限自行车俱乐部

자전거 여행 중 정비가 필요할 때

칭다오 시내에 중심에 있는 자전거 전문점이다. 자전거를 가지고 여행을 하는 경우 자전거에 문제가 생겼다면 이곳을 찾는 것이 좋다. 중저가 자전거부터 최고급 자전거에 사용되는 대부분의 부품을 갖추고 있다. 미국의 고급 자전거 브랜드 TREK의 공식 매장이기도 하다.

주소 青岛市 市南区 文登路 9号 / 9 Wendeng Rd, Shinan Qu 위치 중산 공원 남문 건너편 종합 운동장(천태 체육장) 1층 시간 10:00~18:00 / 부정기 휴무 전화 138-5322-2579

태평각 공원 太平角公园 [타이핑찌아오 꽁위안]

팔대관 옆의 조용한 공원

지하철 역 바로 앞에 있는 작은 공원으로 제2 해수욕장과 제3 해수욕장의 사이, 팔대관 바로 옆에 위치한 공원이다. 팔대관 산책이 시작되는 곳이기도 하며 반대쪽으로 가면 제3 해수욕장이 나온다. 공원 주변은 외국의 영사관이 있는 지역으로, 팔대관 못지않은 고풍스러운 건물들이 모여 있고, 팔대관을 대표하는 예쁜 카페들이 있다.

위치 지하철 3호선 태평각 공원역 B 출구 바로 앞

칭다오 와인 박물관 青岛葡萄酒博物馆 [칭다오 프우타오찌우 뽀우관]

엄청난 규모를 자랑하는 와인 박물관

중국 와인을 알리고, 이를 통해 문화·관광 인식을 높이고자 운영하고 있는 테마 박물관으로, 지하 방공 터널을 개조하여 만들었다. 술의 신 디오니소스의 석고상이 서 있는 건물로 들어가면 지하의 깊은 와인 셀러로 내려가면서 관람하게 된다. 총면적 8,000㎡로, 입구와 출구가 전혀 다른 곳에 있을 만큼 넓고 볼거리가 많기 때문에 둘러보는 데 최소 1시간 이상은 할애해야 한다. 와인용품관, 와인 역사관, 중국 와인 은행, 중국 와인관 등의 전시관을 따라 관람하면 된다. 마지막엔 칭다오에서 생산된 와인 한 잔도 시음할 수 있다.

주소 青岛市 市北区 延安一路 68号 / 68 Yan'an 1st Rd, Shibei Qu 위치 ❶ 버스 15, 219, 220, 368, 604번을 타고 동물원(动物园) 정류장에서 하차 후 도보 약 5분 ❷ 칭다오 역(구시가)에서 1, 25, 307번 또는 부산소(신시가 까르푸 앞)에서 25번 버스 이용 스우쭝(十五中) 정류장에서 하차 후 옌안이루(延安一路) 따라 도보 약 10분 ❸ 칭다오 동물원 서구 정문에서 도보 약 5분 시간 09:00~16:30 요금 50元

❶ 메인 전시 통로 ❷ 술의 신 디오니소스 ❸ 와인용품관

❼ 칭다오 와인 소개 코너 ❻ 중국의 와인 산지와 유명 와인 소개 코너 ❺ 중국 와인 은행 ❹ 와인 역사 전시 코너

❽ 전시를 마치고 올라가는 에스컬레이터 ❾ 와인 시음 코너 ❿ 기념품 코너 ⓫ 출구

❶ 세계의 와인 산지, 유명 와이너리, 포도 품종을 소개하는 코너이다. 한글 번역도 잘 되어 있다.
❷ 맥주 박물관과 마찬가지로 와인 박물관에도 술의 신 디오니소스상이 있다.
❸ 중국의 옛 시인은 '빛깔 좋은 포도주를 옥으로 만든 잔에 따라 놓고, 말 위에서 뜯는 비파 소리 잔 비우길 재촉하네'라고 노래했다고 한다. 술의 역사와 함께 발달한 아름다운 잔을 전시하고 있는 코너다.
❹ 나폴레옹이 즐겨 마신 와인은 상베르땡(Chambertin)이라 한다. 자신의 술병에는 이니셜 N을 새겨 넣었고, 그의 부대 전체가 하루에 30만 리터의 와인을 마셨다고 한다.
❺ 중국 은행의 위탁을 받고 운영하는 곳으로, 희귀 와인을 보관하고 있다.
❽ 관람을 마치고 에스컬레이터를 타고 올라가다 보면, 얼마나 깊이 들어왔는지 실감할 수 있다.
⓫ 입구와 출구의 거리는 약 300m

와인 박물관 내 와인 시음 코너

와인 거리 葡萄酒街 [프우타오찌우 찌에]

와인 박물관 앞의 테마 거리

칭다오 와인 박물관이 오픈을 준비할 당시만 해도 칭다오 맥주의 아류작이라는 시선과 지역 분위기를 저해하지 않을까 하는 우려가 많았다. 하지만 2012년 개관 후 좋은 반응을 얻어 일대의 도로를 와인 거리라 부르게 되었다. 맥주 박물관의 맥주 거리에 비하면 많이 부족하지만, 와인 박물관에서 칭다오 동물원, 중산 공원으로 이동할 때 자연스레 이 거리를 지나게 된다.

주소 青岛市 市北区 延安一路 / Yan'an 1st Rd, Shibei Qu 위치 와인 박물관에서 칭다오 동물원(북문)까지 일대

중국 유일의 맥주 박물관

중국에 거주하던 독일인과 외국인에게 판매하기 위해 1903년 독일의 기술과 설비를 들여와 양조 회사를 만든 것이 칭다오 맥주의 시작이었다고 한다. 칭다오 맥주 회사가 투자하여 옛 건물을 맥주 박물관으로 꾸몄다. 크게 2개의 건물로 구분되는 박물관은 칭다오 맥주의 역사를 전시하는 A관(백년역사문화구)부터 관람이 시작된다. 100년이 넘는 역사를 갖고 있는 칭다오 맥주의 오래전 라벨과 병 등 다양한 볼거리를 전시하고 있다. 건물 상단에 거대한 칭다오 맥주 캔이 올려져 있는 B관(생산공예구)으로 이동하면 전통 방식부터 현대 방식까지 맥주를 생산하는 모습을 볼 수 있다. 관람 후에 무료로 맥주를 시음할 수 있는 곳이 나오는데, 맥주 한 잔과 땅콩 한 봉지를 준다. 복도를 따라 이동하면 기념품 매장과 맥주와 간단한 음식을 판매하는 펍도 있다.

주소 青岛市 登州路 56号 위치 ① 칭다오 역(구시가)에서 버스 217번 이용 약 35분, 맥주 박물관(青岛啤酒博物馆) 정류장에서 하차 ② 칭다오 역(구시가)에서 버스 1, 25, 307번 이용 약 35분, 연안2로(延安二路) 정류장 하차 후 도보 5분 ③ 부산소(신시가 까르푸)에서 버스 25, 314번 이용 약 30분, 연안2로 또는 타이동(台东) 정류장 하차 후 도보 5분 ④ 지하철 2호선 리진루(利津路)역 C출구에서 도보 5분 ⑤ 시내에서 택시 이용 전화 0532-8383-3437 시간 08:30~16:30 요금 4~10월 60元, 11~3월 50元 홈페이지 tsingtaomuseum.com/index.htm

A관(백년역사문화구)

A관 입구

① 홍보 포스터 전시 코너

② 기업 문화와 역사 소개 코너

③ TV 광고 시청 코너

B관(생산공예구)

B관 입구

① 전통 방식의 맥주 생산 과정 소개

② 맥주 관련 자료 전시 코너

③ 전통 방식의 효모 재배 과정 소개

⑦ 커스터마이징 라벨이 붙은 맥주 판매 코너 (바로 사진을 찍어 라벨을 붙여 줌)

⑥ 칭다오 맥주 시음 코너

⑤ 세계의 맥주 코너

④ 전통과 현대 방식의 보관 시설 소개

⑧ 현대적 생산 공정 소개

⑨ 칭다오 맥주 라벨의 역사

⑩ 기념품 코너

⑪ 맥주와 안주를 즐기는 펍

맥주 박물관

맥주 박물관 내 펍

맥주 거리 啤酒街 [피찌우 찌에]

맥주 원액을 판매하는 맥주 거리

지금은 박물관으로 이용되고 있는 옛 칭다오 맥주 주조장을 중심으로 약 800m에 이르는 거리를 말한다. 20여 곳의 음식점과 호텔, 칭다오 맥주 관련 기념품을 판매하는 상점으로 가득하다. 점심 시간에도 영업을 하는 곳이 많지만 맥주 거리의 분위기를 제대로 느끼기에는 저녁이 좋다. 오후 3~4시경에 맥주 박물관에 갔다가 이곳에서 저녁 식사를 하는

경우가 많다. 맥주 거리의 음식점과 술집에서는 이곳에서만 마실 수 있는 칭다오 맥주 원액(위엔쌍 맥주原浆啤酒)을 판매한다.

위치 맥주 박물관 바로 앞의 거리

천막성(스카이 스크린 시티) 天幕城 [티엔무청]

실내 복합 상업 거리

총 길이 450m의 복합 상업 시설로 팔대관 풍경구의 화석루를 비롯한 칭다오를 대표하는 건축물과 옛 칭다오 거리를 재현해 놓았다. 하늘 그림이 그려진 천장과 아기자기한 벽화와 조명이 특색 있다. 특색 있는 거리로 칭다오 최고의 실내 관광지로 손꼽히곤 했으나, 입점해 있는 음식점 및 상점이 가격 경쟁력을 잃어 상업 거리의 의미는 다소 쇠퇴했다. 그러나 입장료가 없고 칭다오 맥주 거리 인근에 위치해 있어 부담 없이 방문해도 좋다.

주소 **青岛市 辽宁路 80号** / 80 Liaoning Rd, Shibei Qu 위치 ❶ 칭다오 맥주 박물관 입구에서 도보 5분 ❷ 지하철 2호선 리진루(利津路)역 A출구에서 도보 10분 전화 0532-8380-7109 시간 10:00~18:00

타이동 야시장 台东商业步行街 [타이똥 샹예 부싱찌에]

칭다오 시내의 야시장

칭다오 맥주 거리 가까이에 있는 타이동 보행자 거리는 타이동 야시장이라는 이름으로 더 잘 알려져 있다. 맥주 거리 가까이에 있기 때문에 이곳에서 저녁 시간을 보내도 좋고, 낮 시간에는 현지인들을 위한 식료품을 판매하는 활기찬 시장의 모습을 볼 수 있다. 대만의 야시장과 비교를 많이 하는데, 그에 비하면 규모가 작고, 판매하는 물건의 질이 그다지 좋은 편은 아니다. 하지만 칭다오 시내에서 가장 큰 야시장으로 현지 분위기와 길거리 음식을 즐길 수 있다. 시장 한쪽에는 현대적인 쇼핑몰인 완다 프라자와 대형 슈퍼마켓인 월마트도 있다.

위치 ❶ 칭다오 맥주 박물관 출구에서 도보 5분 ❷ 칭다오 맥주 거리(맥주 박물관 출구에서 왼쪽으로)에서 도보 약 10분 ❸ 칭다오 역에서 버스 301, 307번 등을 이용해 위해로(威海路), 타이동(台东) 정류장 하차 / 약 35분, 2元 ❹ 신시가 까르푸 앞에서 버스 104, 314번 등을 이용해 위해로, 타이동 정류장 하차 / 약 30분, 2元 ❺ 지하철 2호선 타이동(台东) 역, E, F출구

> **Tip** 타이동 보행자 거리
> 타이동 야시장이라 불리는 타이동 보행자 거리는 완다 프라자의 북동쪽에 일직선으로 뻗은 약 1km의 거리를 말한다. 이 거리를 중심으로 완다 프라자의 남서쪽 일대에 이르기까지 시장이 열린다. 맥주 박물관에서 걸어서 이동한다면, 출구에서 왼쪽으로 나가 육교가 보일 때까지 약 10분간 걷다 보면 바로 오른쪽에 완다 프라자가 있다. 육교가 보이기 전 나오는 삼거리에서 우회전해서 KFC가 있는 골목으로 들어가도 정면에 월마트와 완다 프라자가 보이고, 길거리의 시장이 길게 이어져 있다.

미니소 MiniSo

품질 좋은 제품을 저렴하게 판매하는 곳

타이동 상점 보행가 입구에 있는 주로 10元 제품을 파는 균일가 전문점이다. 우리나라와 일본에 잘 알려진 다이소와 비슷한 곳이라 생각하면 된다. 중국 전역에 500여 개의 점포가 있으며 일본 도쿄와 홍콩, 우리나라에도 매장이 있다. 저렴하면서도 참신하고 품질이 좋은 제품을 팔고 있다. 휴대폰 충전기나 어댑터, 이어폰, 스피커, 간식과 주방용품, 테이블웨어 등 다양한 제품이 있다.

행가 바로 앞, KFC 옆 건물 / 칭다오 맥주 박물관에서 도보 5분 전화 0532-8862-9468 시간 10:00~20:00

주소 青岛市 市北区 延安二路 12号 위치 타이동 상점 보

CBD 완다 광장 CBD 万达广场 WANDA PLAZA

샤오미 공식 매장이 있는 쇼핑몰

중국의 대표적인 부동산·유통기업인 완다 그룹에서 운영하는 쇼핑몰이다. 여행객들이 주로 찾는 시내 중심에서 약간 떨어져 있지만 지하철로 편하게 이동할 수 있고, 타이동 야시장에서도 가깝다. 2016년 칭다오 최초의 샤오미 공식 매장(1층)이 오픈하면서 우리나라 여행객들의 방문도 늘어났다. 샤오미 외 다른 브랜드의 쇼핑을 즐길 수 있고, 르메르디앙 호텔을 비롯해 음식점도 많이 입점해 있다.

주소 青岛市 市北区 延吉路 116号 / 116 Yanji Rd, Shinan Qu 위치 ❶ 지하철 3호선 돈화로(敦化路) 역 D 출구에서 도보 5분 ❷ 타이동루 야시장에서 버스 11, 307, 320번 등 이용 약 10분 전화 0532-8091-6225 시간 10:00~21:30

이촌 5일장과 야시장

칭다오 공항과 칭다오 시내의 중간쯤에 위치한
이촌은 여행객들이 많이 찾는 곳은 아니었다. 오
래전부터 재래시장, 5일장으로 유명한 지역이라
칭다오 현지 사정을 잘 아는 교민이나 유학생들
이 이곳을 찾는 정도였다. 특히, 귀국 전에 참기
름을 사러 가는 곳으로 유명했다. 2015년 지하
철이 개통해서 시내에서 찾아가기 편해지고, 우
리나라 TV 프로그램에 5일장과 길거리 음식이

소개되면서 여행객들이 찾기 시작했는데, 안타깝게도 2016년 여름부터 시장이 있던 자리가 정부에
의해 생태 하천 공사를 하게 되면서 시장이 인근의 실내로 이전되었다.

교통 지하철 3호선 이용하여 이촌역 하차 / 택시 이용 시 칭다오 신시가에서 택시로 약 50元, 구시가에서 약 80元

🍴 이촌 시장 길거리 요리사

EBS 다큐멘터리 〈세계견문록 아틀라스 – 백종원의 청도 음식
탐험〉에서 소개된 이촌 시장의 길거리 음식점. TV에서 소개되
면서 우리나라 여행객들이 이촌 시장을 찾는 가장 큰 이유라고
할 만큼 인기가 있었는데, 이런 곳이 전형적인 피지우우啤酒屋
다. 2016년 하반기부터 이촌 시장의 재개발이 시작되어 노천
재래시장이 철거되고 실내 시장으로 옮겨져, TV에서 소개된
이 아저씨도 더는 찾아볼 수 없게 되었다. 하지만 이촌 시장의
풍경과 먹거리는 이촌 야시장과 타이동 야시장에서도 엿볼 수
있다.

🍴 이촌 야시장

이촌의 라오산 백화점 일대에는 매일 저녁 야시장이 열린다.
칭다오 시내의 타이동 야시장, 한국 교민들이 많이 사는 청
양 야시장과 함께 칭다오를 대표하는 야시장 중에서도 가장
큰 규모를 자랑한다. 중국 야시장의 시끌벅적하고 활기찬
모습을 보는 것은 여행의 소소한 즐거움이 된다. 특별한 목
적 없이 야시장의 분위기를 느끼고 싶은 거라면 시내에 있
는 타이동 야시장을 방문하는 것이 효율적이다.

위치 이촌 역 D2 출구 / 이촌 버스 정류장 일대

잉커우루 농산물 시장 营口路农贸市场 [잉커우루 눙마오 스창]

타이동 보행자 거리에서 가까운 농수산물 시장이다. 대형 시장 건물과 그 주변으로 각종 농산물, 수산물 등을 파는 가게들이 늘어서 있다. 시장 주변에는 비주옥啤酒屋(피지우우) 간판을 달고 있는 음식점들이 있는데, 시장에서 원하는 재료를 구입하고 요리하는 비용을 지불하면 원하는 대로 요리를 해 주는 곳이다. 실제 현지인들은 맥주를 마실 때 실내 농수산물 시장인 잉커우루 시장 앞으로 간다고 한다. 여름이 되면 피지우우를 중심으로 안줏거리를 파는 노점들까지 들어서 잉커우루 시장 주변의 거리를 가득 메운다.

주소 青岛市 市北区 台东八路 21号 / 21 Tai Dong Ba Lu, Shibei Qu 위치 지하철 2호선 타이동(台东) 역 E 출구에서 도보 10분

> **Tip** 비주옥 啤酒屋 (피지우우)
>
> 손님이 시장에서 구입해 온 해산물을 조리해 주고, 맥주를 파는 식당을 말한다. 중국의 시장 근처에는 으레 한두 집 정도가 있는데, 잉커우루 시장 앞에는 수십 곳이 영업을 하고 있고, 호객 행위도 많다. 맥주를 뜻하는 비주啤酒와 집을 뜻하는 옥屋이 합쳐진 말로 맥줏집이라는 뜻이 된다. 피지우우라는 간판 아래 '재료를 가지고 오면 요리를 해 준다(来料加工)', '신선한 해선물을 요리해 준다(海鲜加工)', '맥주도 있다(一啤直供)' 같은 안내 글이 적혀 있다. 가게 안으로 들어가면 메뉴판도 없고, 식탁과 의자 몇 개만 있는 단촐한 곳이 대부분이다.
> 비용은 재료와 조리법에 따라 다르지만 7~15元(1,000원~2,500원) 정도이며, 해산물뿐만 아니라 고기와 야채도 함께 사가면 주인이 재료에 어울리는 요리를 즉흥적으로 해 주기도 한다.

Restaurant & Café

팔대관과 시북구 일대의 레스토랑과 카페

이 일대에는 음식점이 많지 않다. 식사하기 좋은 곳은 아니지만 태평각 공원 주변에 예쁜 카페가 있어 산책을 즐기며 커피나 음료를 마시기 좋다. 맥주 박물관 가까이에 있는 타이동 야시장에서 길거리 음식을 즐기거나 KFC와 맥도날드 같은 패스트푸드도 있다. 칭다오 맥주를 즐기고 싶다면 여행객들이 많이 가는 맥주 거리도 있지만 잉커우루 농산물 시장에서 식재료를 구입해 피지우우 식당을 찾는 것도 현지인의 일상을 함께하는 좋은 경험이 될 수 있다.

🍴 팔대관 일대

팔대관 해선어촌 八大关 海鲜渔村 [빠따관 하이씨엔 위춘] ★

바다의 풍경을 보며 즐기는 칭다오 요리

팔대관 입구에서 가깝고, 해변에 자리한 음식점이다. 영어 메뉴는 없지만 식당 내부에 있는 그림 메뉴를 보면서 주문할 수 있다. 단, 주문 수량 등에 따라 사진과 실제 음식이 크게 다를 수도 있다. 바다를 바라보며 식사할 수 있는 테라스 석이 있고, 팔대관 풍경구에서 흔치 않은 식당이라는 점은 매력적이지만, 시내의 음식점에 비해 비싼 편이다. 대부분의 메뉴가 30元 이상이다.

주소 靑岛市 市南区 汇泉路 18号 / 18 Hui Quan Lu, Shinan Qu 위치 중산 공원 정문에서 도보 약 15분 / 팔대관 풍경구에서 도보 약 5분 전화 0532-8386-1705 시간 11:00~23:00

일배창해 一杯沧海 [이뻬이 창하이] / TsingTao Life ★ ★

석양이 아름다운 해변의 카페

우드 데크가 있는 아담함 목조 카페로 서쪽 하늘을 바라보고 있어 이
곳에서 보는 석양이 아름답기로 유명하다. 제2 해수욕장에서 제3 해
수욕장으로 가는 산책로에 있다. 바다 가까이에 있고, 뒤편의 영국
영사관을 비롯한 고풍스러운 건물들이 모여 있는 조용한 골목길도
가볍게 둘러보기 좋다. 치즈케이크芝士蛋糕, 커피咖啡, 망고 주스芒
果汁 등이 인기 있는 메뉴다. 특히 망고 주스를 비롯한 주스 메뉴는
예쁜 와인용 디캔터에 담아 나와 바다를 배경으로 사진을 찍어도 좋
다. 단, 위치의 장점 때문일까, 모든 메뉴가 비싸다.

주소 青岛市 市南区 太平角一路 27号 / 27 Taipingjiao 1st Rd, Shinan Qu 위치 지하철 3호선 태평각 공원(太平角公园)
역 B 출구에서 도보 7분, 제3 해수욕장 바로 앞 전화 0532-8387-6588 시간 월~금 13:00~20:30, 주말 10:00~21:00
가격 치즈케이크 45元, 커피 59元, 망고 주스 68元

독애 커피 独崖咖啡 [두야 카페이] ★ ★ ★

인기 있는 과일 주스, 슈퍼 C

바닷가의 작은 암초 위에 있는 카페로 지
중해 스타일의 계단을 따라 올라가면 아름
다운 풍경이 펼쳐지는 테라스와 아늑
한 실내 공간이 나온다. 칭다오에서
가장 비상업적인 카페로 선정되었지
만, 음료나 디저트, 식사의 가격이 저
렴한 것은 아니다. 인기 음료는 과일 주
스인 슈퍼超级 C와 슈퍼超级 D로, 레몬과 자
몽, 민트 등이 들어가고, D가 C에 비해 단맛이 강하
다. 와인잔에 담아 나오는 붉은색의 장미 주스玫瑰
汁와 케이크 등의 디저트와 간단한 식사 메뉴도 갖
추고 있다.

슈퍼 C

주소 青岛市 市南区 湛山五路 3号 军事管理区内 / 영문주
소 3 Tai Zhou Wu Lu, Shinan Qu 위치 지하철 3호선 태
평각 공원(太平角公园) 역 B 출구에서 도보 3분, 태평각
공원 남쪽 전화 0532-8899-5678 시간 10:30~22:30
가격 슈퍼 C 50元, 슈퍼 D 50元, 장미 주스 50元

하이하리 海哈蜊 [하이하리] ★

칭다오 맥주와 바지락을 맛볼 수 있는 곳

칭다오 맥주 박물관 맞은편에 있다 보니 자연스레 여행객들이 제일 많이 찾는 식당이다. 영어나 한글 메뉴판은 없고, 사진과 진열해 놓은 해산물을 보고 주문하면 된다. 상호처럼 海 hǎi 바다, 哈 hà 감탄사 아, 蜊 lí 조개 신선한 해산물 메뉴가 많으며 칭다오 맥주와 가장 잘 어울리는 바지락이 인기 메뉴다. 바지락볶음이 다른 음식점에 비해 매운맛이 거의 없는 편이다. 다양한 생맥주를 판매하고, 원액 맥주라 불리는 위엔장 맥주原浆啤酒 도 있다. 양꼬치도 맛있다.

주소 青岛市 市北区 登州路 77号 / 77 Dengzhou Rd, Shibei 위치 칭다오 맥주 박물관(青岛啤酒博物馆) 버스 정류장 하차, 맥주 박물관 출구 바로 건너편 전화 0532-8272-2227 시간 11:00 ~ 23:00

홍옥 红屋(台东店) [홍우] ★

대만식 스테이크 패밀리 레스토랑

대만의 회사에서 운영하는 스테이크 패밀리 레스토랑이다. 일반 스테이크와 달리 대부분의 메뉴가 소스가 곁들여 나오고, 수프, 샐러드, 파스타, 달걀 프라이 등이 함께 나오는 대만식 스테이크이기 때문에 고기 본연의 맛을 즐기기에는 아쉽지만 부담 없이 누구나 즐길 수 있는 메뉴다. 스테이크 외에도 수프, 샐러드, 파스타, 볶음밥 등의 메뉴가 있고, 스테이크 가격은 60~90元 정도다. 테이블 세팅에 있는 물티슈는 2元으로 별도 계산을 해야 하니 참고하자.

주소 青岛市 市北区 延安二路 20号 / 20 Yan'an 2nd Rd, Shibei Qu 위치 타이동 상점 보행가 바로 앞 / 칭다오 맥주 박물관에서 도보 5분 전화 0532-8363-1206 시간 10:30~13:30, 17:30~21:30

열란정 悦尔亭 [위에란팅] ★★

한글 메뉴판이 있는 훠궈 전문점

샤오미 공식 매장이 있는 완다 플라자 앞에 있는 훠궈 전문점이다. 우리나라 교민들이 많이 사는 청양 지역에 본점이 있는 열란정은 한국어 메뉴판이 있고, 밑반찬으로 김치가 나온다. 사골, 토마토, 버섯, 마라, 매운 육수 중 선택해 육수 냄비가 개인별로 제공되기 때문에 여러 명이 갈 경우 다양한 육수를 즐길 수 있다. 훠궈는 중국어를 모르면 주문하기 다소 까다로운 음식인데, 한국어 메뉴판이 있고, 매장도 깔끔하고 음식도 우리 입맛에 잘 맞는다. 식사 예산은 2인 기준 100~150元 정도이다.

주소 青岛市 市北区 延吉路 108号 / 108 Yanji Rd, Shibei Qu
위치 ❶ 완다 플라자 바로 앞의 신흥 체육관 2층 ❷ 지하철 3호선 돈화로(敦化路) 역 D 출구에서 도보 5분 ❸ 타이동 야시장에서 버스 11, 307, 320번 등 이용 약 10분 **전화** 0532-8570-3333
시간 10:00~22:00

쇼핑과 식도락 여행의 중심

신시가지

新市街地

중국의 개방 정책으로 칭다오에 외국 기업들의 진출이 급격히 늘면서 기존의 금융, 경제의 중심이었던 구시가의 중산로 일대가 포화 상태에 이르자 새로운 도심을 건설하게 되었다. 칭다오에 있는 외국 기업, 금융 회사들이 모여 있는 신시가는 중국 전통의 예스러움은 찾기 힘들지만, 운소로 미식 거리, 카페와 차 거리 같이 개성 있는 거리와 대형 쇼핑몰과 5 · 4 광장을 중심으로 하는 볼거리가 있다. 비교적 최근에 지어진 호텔들도 많고, 근소한 차이기는 하지만 구시가보다 공항에서 더 가깝기 때문에 신시가를

중심으로 칭다오 여행을 즐기는 여행자들이
많다. 라오산과 석노인 지역 등 근교로 이동
하는 것도 신시가에서 출발하는 것이 보다
편리하다.

위치

❶ 칭다오 공항에서 701번 공항버스 타고, 약 1시간 소요 / 20元
   ※ 신시가지의 중심인 까르푸 앞의 부산소(浮山所) 정류장에서 하차. 대부분 여행자들은 이곳에서
   내린다.
❷ 구시가 칭다오 역에서 버스 26, 311, 312번 등을 타고 약 30~40분 소요 / 2元
❸ 지하철 3호선 칭다오 역에서 5·4 광장 역까지 약 15분 소요 / 3元

신시가지

沂蒙山大锅全羊 ®
万家私房川菜馆 ®

老地方面食 ®

白求恩路

弘扬香河肉饼 ®
福记美食 ®

富吞饺

KFC
와이포지아
外婆家 ®
망고트리 ®
Mango Tree
올레스 슈퍼마켓 ⑤
Ole's Supermarket
애플 스토어 ⑤
Apple Store
세포라 ⑤
SEPHORA
세가 조이폴리스
SEGA JOY POLIS
완샹청(믹스몰) ◉
万象城

Guohua Building Parking Lot

부신빌딩 정류장
府新大厦

閔江路

Fuxin Hotel

홀리데이 인 칭다오 시티
Holiday Inn Qingdao City C

JAZZ STEAK
爵士牛排
콥튼 호텔
Copthorne Hotel

ministop

상그릴라 호텔
Shangri-La Hotel Qingdao

B2

B1

5·4 광장
五四广场

스타벅스
청도호삼부저국제주점
青岛豪森府邸国际酒店
Haosen Fudi Mansion Hotel

맥도날드 Ⓜ

칭다오 파글로리 레지던스
Qingdao Farglory Residenc

The Westin Qingdao

전취덕 ®
全聚德

KFC
리앙유 진두 푸드 시티 ®
良友金都美食城(五四广场店)

华仁国际大厦

东海西路

中国光大银行ATM

5·4 광장
五四广场

유람선 매표소

海航置业·万邦中心
海信大厦服务中心

기념품 상점가 ⑤

유람선 탑승장

음악광장
音乐广场

138

Best Course

신시가 관광의 중심은 칭다오의 상징인 '5월의 바람'
이라는 붉은 조형물이 있는 5·4 광장이다. 5·4 광장
에서 시 정부 청사 쪽으로 이동하면 가장 최근에 오
픈한 쇼핑몰인 완샹청(믹스몰)이 있고, 반대로 해안
을 따라가면 올림픽 요트 센터와 마리나 시티가 나온다.
시내에는 카페와 차 거리와 운소로 미식 거리가 있다. 구시가
에 비해 관광지는 많지 않지만, 맛집과 쇼핑이 신시가 여행의
중심이다.

★	도보 10분	★	해안 산책로 도보 15분	★
완샹청(믹스몰)		5·4 광장		올림픽 요트 센터(마리나 시티)

도보 20분

★	도보 10분	★	도보 25분	★
운소로 미식 거리		카페와 차 거리		연인 제방

올림픽 요트 센터

5·4 광장 五四广场 [우쓰 꽝창]

칭다오의 상징적 이미지

1919년 5월 4일 베이징에서 시작된 반제국주의, 반봉건주의 운동이며, 중국 공산주의 운동의 시발점이라 할 수 있는 5·4 운동을 기념하는 광장이다. 시 정부 청사에서 바다를 향해 일직선으로 연결되는 광장의 중심에는 칭다오의 상징으로 불리는 '5월의 바람五月的风'이라는 조형물이 있다. 무게 700톤, 높이 30m, 직경 27m의 붉은색 나선형 조형물은 강렬한 인상을 준다. 5·4 광장에서 해변을 따라 마리나 시티, 올림픽 경기장을 바라보며 신시가로 이동할 수 있고, 반대 방향으로 가면 팔대관과 중산 공원으로 갈 수 있다.

주소 青岛市 市南区 东海西路 위치 ❶ 지하철 2·3호선 5·4 광장(五四广场) 역 C 출구에서 도보 5분 ❷ 버스를 이용하여 시 정부(市政府) 또는 5·4 광장(五四广场) 정류장에서 하차 후 도보 약 5분 ❸ 신시가 중심지(까르푸), 마리나 시티에서 도보 약 15분

유람선 银海游艇 [인하이 여유팅]

칭다오의 바다를 즐기는 색다른 방법

칭다오의 바다를 즐기는 또 다른 방법은 유람선을 이용하는 것이다. 5·4 광장에서 출발하는 유람선은 네 개의 코스를 운영한다. A 코스는 수준 원점 기준이 있는 연해 국제 요트 클럽 일대, B 코스는 올림픽 요트 센터 일대, C 코스는 팔대관 풍경구 일대, D 코스는 잔교를 다녀오는 코스다. 각 코스별로 1인 요금으로 계산할 수 있으며, 운항하는 선박에 따라 4명 또는 8명 이상이라면 배를 통째로 전세 내어 이용할 수도 있다. 간혹 올림픽 요트 센터에서 요트를 태워 준다며 호객 행위를 하는 경우도 있는데, 불법 영업이니 주의해야 한다.

주소 青岛市 市南区 东海西路 위치 5·4 광장의 '5월의 바람' 조형물 앞 전화 0532-8389-9006 시간 10:00~17:00 요금 A 코스 120元(전세, 600元), B 코스 60元(전세 300元), C 코스 100元(전세 500元), D 코스 160元(전세 800元)

음악 광장 音乐广场 [인위에 꽝창]

음악을 테마로 하고 있는 바다 공원

5·4 광장의 서쪽에 자리한 작은 공원으로 이름 그대로 음악을 테마로 하고 있다. 베토벤의 흉상과 중국의 국가를 작곡한 녜얼聶耳(1912~1935)의 동상이 세워져 있으며, 공원의 바닥에는 중국의 국가 악보가 그려져 있다. 높이 20m의 커다란 돛 밑에는 대형 피아노가 있어서 방문객들이 직접 연주를 할 수도 있다. 바다가 보이는 아름다운 풍경 속에서 여유로운 시간을 보내기 좋은 공원이다.

주소 青岛市 市南区 澳门路 12号 / 12 Ao Men Lu, Shi nan Qu 위치 5·4 광장에서 도보 5분

완샹청(믹스몰) 万象城 The MIXC Mall

칭다오 최대 규모의 복합 상업 시설

중국 최대 규모의 유통 대기업인 화룬华润 그룹에서 운영하는 쇼핑몰로 오피스 시설, 주거 시설까지 포함하면 중국 내에서도 손에 꼽는 규모를 자랑한다. 2015년 3월 오픈과 동시에 현지인들의 라이프 스타일을 바꿨다는 이야기가 있을 만큼 다양한 쇼핑과 엔터테인먼트 시설을 갖추고 있다. 그리고 중국의 패밀리 레스토랑 체인점인 와이포지아(p.152)의 칭다오 첫 번째 매장이 이곳에 오픈하면서 여행자뿐만 아니라 현지인들도 와이포지아에서

식사를 하기 위해 완샹청을 많이 찾는다. 이 밖에도 회전 초밥, 한식, 패스트푸드 등 약 60여 곳의 음식점이 있다.

주소 青岛市 市南区 山东路 10 / 10 Shandong Rd, Shinan Qu 위치 ❶ 5·4 광장에서 시정부 청사를 지나 바로, 도보 약 10분 ❷ 지하철 2·3호선 5·4 광장(五四广场) 역 A1 출구에서 도보 3분 ❸ 버스를 이용하여 시 정부 산둥로(市政府山东路) 정류장에서 하차 전화 0532-6656-3333 시간 10:00~22:00 (상점에 따라 시간 다름)

🎨 세가 조이 폴리스 SEGA JOY POLIS

중국 최초의 실내형 디지털 테마파크

완샹청의 4층과 5층에 자리 잡고 있는 실내 테마파크로 일본의 게임 회사인 세가(SEGA)에서 운영하고 있다. 현실과 디지털의 만남을 콘셉트로 하고 있는 실내에는 제트 코스터, 중국 최초의 3D 영상을 이용한 가상 현실 체험 공간, 인기 만화 '이니셜 D'의 차량을 운전할 수 있는 어트랙션 등 약 20여 종의 어트랙션과 게임 체험 코너, 일본의 인기 음식과 음료를 판매하는 쿠너 등을 갖추고 있다. 어트랙션에 따라 신장 제한이 5가지 등급으로 세분화되어 있으며 최소 신장 90cm 이상이 되어야 어트랙션을 이용할 수 있다. 신장 110cm 이하의 어린이는 무료로 입장할 수 있다.

위치 완샹청 4층, 5층 (L441, L530, L570, L571, L572) 전화 0532-5576-8598 시간 10:00~22:00(날짜에 따라 운영 시간이 다를 수 있음) 요금 자유 입장권(通票) 신장 140cm 이상 190元, 110~140cm 120元 / 야간 자유 입장권(晚间通票) 신장 140cm 이상 118元, 110~140cm 98元 홈페이지 segajoypolis.cn

🛍️ 세포라 SEPHORA

고급 화장품 전문점

명품 브랜드 루이뷔통(LVNH)의 계열사인 세포라는 샤넬, 랑콤, 나스, 겔랑, 베네피트 등 다양한 고급 화장품 브랜드를 판매하는 곳이다. 우리나라 면세점 판매가와 비슷한 경우가 많지만, 할인 행사를 자주 하고, 베네피트와 나스 등의 일부 브랜드는 우리나라와 가격 차이가 큰 편이다. 우리나라에 없는 에디션 상품을 발견하거나 다양한 제품을 체험해 볼 수 있다.

위치 완샹청 2층 L252 시간 10:00~20:00

🌐 애플 스토어 Apple Store

우리나라보다 빠른 신제품 출시

애플의 공식 매장이다. 중국은 아이폰과 맥북 등의 애플의 신제품 출시가 우리나라보다 빠르기 때문에 방문 시기에 따라 우리나라에 발표되지 않은 제품들을 미리 만나볼 수 있다. 또한 제품 출시 당시의 환율 정책에 따라 가격이 결정되기 때문에 엔화 환율이 급격히 낮아진 직후라면 우리나라보다 저렴하게 구입할 수 있다. 매장 내에서는 빠른 속도의 와이파이를 무료로 이용할 수도 있다.

위치 완샹청 지하 1층 시간 10:00~22:00

🏬 올레스 슈퍼마켓 Ole's Supermarket

수입 제품이 많은 프리미엄 슈퍼마켓

중국의 대표적인 유통 기업인 뱅가드에서 운영하는 프리미엄 슈퍼마켓이다. 수입 식품, 화장품, 주류 등을 주로 판매하고 있으며, 특히 전 세계의 다양한 초콜릿과 맥주, 와인 등을 판매하여 현지인들에게 인기가 많다. 와인 코너에서는 작은 와인 바를 운영하고, 백화점 수준의 고급 와인들도 갖추고 있다. 뭔가 중국스러운 분위기는 아니지만 우리나라에서 구입하기 어려운 제품이나 비싸게 판매하는 제품들을 비교적 저렴하게 살 수 있으니 여행 중에 잠시 들러 볼 만하다.

위치 완샹청 지하 1층 시간 10:00~22:00

까르푸 家乐福 [지아러푸]

칭다오 여행의 중심점이 되는 대형 마트

프랑스의 대형 마트 체인점인 까르푸가 우리나라와 일본에서는 성공하지 못한 것과 달리 중국에서는 인지도가 매우 높다. 까르푸家乐福[지아러푸]의 음을 차용한 한자 의미를 풀어 보면 '집이 즐거워지고, 복이 들어온다'는 의미가 있다.

신시가의 주요 호텔과 가깝기 때문에 부담 없이 방문할 수 있으며, 2층의 까르푸 매장 외에도 1층에 음식점과 카페 등이 있다. 또한 공항버스가 출발하고 도착하는 곳이기 때문에 칭다오 시내 여행의 시작이 되는 장소라고 할 수 있다.

주소 青岛市 市南区 香港中路 21号 / 21 Xiang Gang Zhong Lu, Shinan Qu 위치 ① 지하철 2호선 푸산쒀

역(浮山所) A 출구에서 길 건너 바로 앞 ② 5·4 광장에서 도보 약 10분 ③ 공항버스 701번, 시내버스 부산소(浮山所) 정류장 하차 전화 0532-8584-6381 시간 08:00~22:00

운소로 미식 거리 云霄路美食街 [윈시아오루 메이스찌에]

신시가의 대표적인 미식 거리

신시가의 금융가 옆에 있는 약 1km의 거리로 60여 곳의 음식점이 모여 있다. 구시가의 피차이위엔과 함께 저렴하고 다양한 메뉴를 선택할 수 있어 여행자들이 많이 찾는 곳이다. 주변에 은행과 보험 회사들이 많기 때문에 점심 시간도 상당히 붐비지만 운소로 미식 거리의 본모습은 오후 네다섯 시 이후이다. 음식점 외에 마사지 전문점도 있으니 저녁 식사 후 여행 일정을 마무리하며 찾기 좋다. 늦은 시간까지 영업하는 곳이 많지만 가로등이 많지 않고, 거리의 한편은 대부분 어두운 주택가이기 때문에 너

무 늦은 시간에 방문하는 것은 피하는 것이 좋다. 우리나라 여행자들에게 인기 있는 소어촌 해선채관(p.153), 해도 어촌(p.154)이 있는 곳이다.

주소 青岛市 市南区 云宵路 / Yun Xiao Lu, Shinan Qu 위치 까르푸와 이온몰 사이, 까르푸와 이온몰에서 각각 도보 5분

🌀 SZT 상족당 SZT 尚足堂 [상쭈탕]

현지인들이 즐겨 찾는 마사지 숍

족생당과 함께 운소로 미식 거리에 있는 대표적인 마사지 숍이다. 우리나라 패키지 여행사를 통해 많이 알려진 족생당과 달리 SZT 상족당은 주로 현지인들을 상대로 하는 곳이다. 아침 8시부터 17시까지는 발 마사지 60분 코스를 68元에 특가 서비스를 한다. 저녁 시간에 마사지를 받고 계산을 하면 다음에 방문할 때 할인받을 수 있는 명함을 주니 여행 기간 중 운소로 거리에서 마사지를 받을 예정이라면 첫째 날부터 이곳을 방문하고, 다음부터 할인을 받는 것이 좋다.

주소 青岛市 市南区 云宵路 58号 / 58 Yun Xiao Lu, Shinan Qu 위치 운소로 입구에서 도보 5분 전화 0532-8578-8388 시간 08:00~17:00(할인 영업), 17:00~01:00

🌀 족생당 足生堂 [쭈성탕]

우리나라 여행자가 많이 찾는 마사지 숍

요금표의 한글은 이해할 수 없는 표현이 많지만, 우리나라 여행자들에게 잘 알려진 곳이라 이용에 큰 불편은 없다. 가장 저렴한 마사지는 발과 등 마사지 70분 코스古典全息로 가격은 138元이다. 전문가 발 마사지(목, 어깨, 발)专家足疗는 60분에 168元, 전신 마사지宫廷足道는 80분에 168元이다. 발 마사지와 등 오일 마사지脊柱保养는 80분에 198元이다. 전신 오일 마사지는 338元으로 가격대가 크게 올라간다. 기본 마사지에 추가로 쑥뜸艾灸[àijiǔ]과 부항拔罐[báguàn] 등을 선택할 수도 있다. 쑥뜸은 168元, 부항은 38元.

주소 青岛市 市南区 云宵路 98号 / 98 Yun Xiao Lu, Shinan Qu 위치 운소로 입구에서 도보 10분 전화 0532-8503-8966 시간 10:00~01:00

카페와 차 거리 咖啡茶艺街 [카페이 차이찌에]

85℃ 커피를 비롯한 칭다오의 카페 거리

칭다오 국제 금융 센터 뒤의 민지앙 2길闽江二路
(Minjiang 2nd Rd)에는 수십 곳의 카페와 중국 전
통의 다도를 즐길 수 있는 곳들이 모여 있다. 거리의
공식 명칭은 '카페와 차 거리'지만 흔히 '카페 거리'
라 부른다. 여름이 되면 테라스석에서 여유로운 시
간을 보내고, 저녁에는 가벼운 음주를 즐길 수 있다.
카페베네와 우리나라 교민들이 운영하는 카페도 많
아 교민들의 친목 장소로도 인기가 많은 지역이다.
운소로 미식 거리에서 큰길을 건너면 쉽게 찾을 수
있고, 언어의 어려움이 없는 마사지 숍도 있어 여행
자들이 하루의 일정을 마무리하면서 방문하기 좋은
곳이다. 카페와 차 거리에서 인기 있는 곳은 대만에
서 온 소금 커피로 유명한 85℃ 커피(p.159)와 중

국의 전통차 전문점인 연화각(p.161)이다.

주소 青岛市 市南区 闽江二路 / Min Jiang Er Lu, Shinan
Qu 위치 ❶ 운소로에서 도보 약 10분 ❷ 버스를 이용하여
원양 광장(远洋广场) 정류장에서 하차 후, 도보 약 3분

🌀 청죽원 건강 안마 青竹园 [칭주위안]

한국 관광객이 많이 찾는 마사지 숍

카페 거리에 있는 마사지 숍으로 한국어 간판은 물
론 마사지 요금도 한글로 되어 있다. 언어에 대한 부
담이 적고, 다른 곳에 비해 저렴한 편이다. 때문에
여행자들이 몰리는 시기에는 예약을 하고 가는 것
이 좋다. 마사지를 받으면서 우리나라 방송을 볼 수
도 있고, 무료 와이파이 이용도 가능하다.

주소 青岛市 市南区 闽江 2路 43号 / 43 Min Jiang Er
Lu, Shinan Qu 위치 ❶ 카페 거리 입구에서 도보 2분, 도
로에서 골목 안쪽에 위치 ❷ 버스를 이용하여 원양 광장(远
洋广场) 정류장에서 하차 후 도보 3분 전화 0532-8587-
5137 시간 11:00~01:00

이온 동부점 AEON 东部店

일본계 대형 마트

까르푸와 함께 칭다오의 대표적인 대형 마트이며, 일본 이온(AEON)의 중국 체인이다. 일본과 마찬가지로 쟈스코(JUSCO)로 영업하다 2013년 이온으로 회사명을 변경하였지만, 현지인들 중에는 아직까지도 쟈스코로 부르는 사람도 있다. 일본계 마트라고 할 수 있지만 중국 현지화로 일본의 느낌은 없다. 마트 외에도 음식점과 화장품 가게, 옷 가게 등이 모여 있다. 홍콩중로香港中路[상강종루]의 이온에서 도보 5분 거리의 마리나 시티 지하에도 이온 슈퍼마켓이 있다.

주소 青岛市 市南区 香港中路 72号 / 72 Xianggang Middle Rd. 위치 ① 지하철 2호선 옌얼따오루 역(燕儿岛路) A 출구에서 도보 5분 ② 원양 광장(远洋广场) 버스 정류장 앞 전화 0532-8571-9600 시간 하계 08:30~23:00, 동계 08:30~22:00

하이신 광장 海信广场 [하이신 꽝창]

명품 브랜드가 가득한 고급 백화점

하이센스 플라자라는 이름으로 불리기도 하는 고급 백화점으로 2008년 올림픽 개최에 맞춰 오픈했다. 지상 3층, 지하 2층으로 큰 규모는 아니지만 에르메스, 까르띠에, 구찌 등 세계적인 명품 브랜드들이 모여 있다. 1층은 명품 시계, 화장품 매장이 있으며 2층에는 보석, 남성 의류와 캐주얼, 골프 의류, 3층은 여성 의류, 패션 액세서리가 있다. 지하 1층에는 SPA 브랜드와 독특한 테마를 갖고 있는 레스토랑과 고급 슈퍼마켓이 입점해 있다. 마리나 시티의 길 건너편에 있기 때문에 쇼핑을 하지 않더라도 잠시 들러 보기 좋은 곳이다.

주소 青岛市 市南区 东海西路 50号 / 50 Donghai W Rd, Shinan 위치 ① 5·4 광장에서 해안 산책로를 따라 도보 약 15~20분 ② 원양 광장(远洋广场) 버스 정류장에서 도보 약 5분 전화 0532-6678-8800 시간 10:00~22:00

올림픽 요트 센터의 풍경을 볼 수 있는 쇼핑몰

올림픽 요트 센터와 맞닿은 곳에 있는 쇼핑몰로 고급 백화점인 하이신 광장과도 마주하고 있다. 마리나 시티 내에는 자라와 H&M, 유니클로와 같은 SPA 브랜드와 가격 대비 만족도가 높은 음식점들이 모여 있으며, 지하 1층에는 대형 슈퍼인 이온몰이 있다. 2층과 3층에서 바다 방향으로 이동하면 테라스가 있는데, 조정 경기장의 풍경은 물론 5·4 광장의 풍경까지도 볼 수 있다. 1층에는 바닷바람을 즐길 수 있는 노천 테라스를 갖춘 스타벅스를 비롯한 카페들이 있다.

주소 青岛市 市南区 澳门路 88号 / 88 Aomen Rd, Shinan Qu 위치 5·4 광장에서 해안 산책로를 따라 도보 약 15~20분, 하이신 광장 길 건너편 전화 0532-8502-2222 시간 10:00~22:30 홈페이지 www.marinacity.cn

🛒 맵 바이 바이리 map by BeLLE

패션 슈즈 편집 매장

중국 350여 개 도시에 2만여 개의 직영 매장, 1만여 개의 프랜차이즈 매장을 운영하고 있는 중국의 대표적인 슈즈 브랜드 바이리 BeLLE 그룹에서 운영하는 신발 전문 편집 매장이다. 홍콩 5초 슈즈라는 별명과 함께 국내 연예인들이 신으면서 알려진 STACCATO를 비롯해 Basto, Joy & Peace 등의 자체 브랜드가 있고, Bata, Mephisto, Merrell, Nike, Adidas 등의 해외 브랜드도 입점해 있다.

위치 마리나 시티 지하 1층 시간 10:00~22:00

올림픽 요트 센터 奥林匹克帆船中心 [아오린피커 판추안 쭝신]

2008년 올림픽이 열렸던 경기장

2008년 8월 8일에 개최된 베이징 올림픽의 요트 경기가 열린 곳으로 넓게는 5·4 광장까지도 칭다오 요트 경기장 공원에 포함시킨다. 요트 센터에는 올림픽 당시 사용했던 상징물이 잘 보존되어 있는데, 깃대에 걸려 있는 만국기의 모습과 정박해 있는 요트, 우뚝 솟은 붉은색 성화 봉송대가 당시의 열기를 짐작하게 한다. 오랜 시간 머무르기보다는 가볍게 산책하기 좋은 곳이나 낮과 저녁 모두 매력이 있어 낮부터 방문하여 해 질 녘까지 기다리는 관광객이 꽤 있다. 소라나 조개로 만들어진 기념품, 배 모형을 판매하는 상점을 구경하거나 광장에 있는 스타벅스에서 휴식을 취하면서 시간을 보내면 된다. 또는 근처 마리나 시티에서 쇼핑을 한 뒤 야경을 보러 이곳을 다시 찾는 것도 좋다. 그러나 너무 늦은 시간에 방문하면 어두워 오륜기 네온사인밖에 보이지 않을 수 있으니 주의하자.

위치 마리나 시티 해변 광장에 위치

올림픽 요트 박물관 奧帆博物馆 [아오판 보우관]

어린이가 좋아하는 박물관

2008년 베이징 올림픽의 요트 경기장이 있던 장소에 세워진 박물관으로 요트 경기의 역사와 요트 경기와 관련된 다양한 자료들을 전시하고 있다. 또한 요트 경기와 윈드서핑을 체험할 수 있는 시뮬레이션관 신시가를 중심으로 하는 칭다오 시내의 미니어처 디오라마도 있다.

2016년 트랜스포머 전시회, 2017년 상반기 공룡 전시회 외에도 완구와 인형을 주제로 하는 소규모 기획전도 개최하고 있다. 특히 어린이를 동반한 가족 여행자들의 취향에 맞는 전시를 하고 있다.

주소 青岛市 市南区 新会路 1号 / 1 Xin Hui Lu, Shinan Qu 위치 올림픽 요트 센터 내 전화 0532-8573-5160 시간 09:00~17:00 / 월요일 휴관 요금 30元 / 특별 전시회, 기획전 요금 별도

 Tip 칭다오의 공룡, 친타오 사우르스 Tsintaosaurus

친타오 사우르스는 전설의 동물인 유니콘처럼 머리 위에 긴 뿔이 있는 초식 공룡이다. 약 7000만 년 전인 중생대 백악기 후기에 칭다오시 일대에서 서식했다. 1958년 칭다오에서 처음 발견되어 친타오 사우르스라는 학명이 붙여졌으며, 전체 골격 화석은 베이징 박물관으로 옮겨졌다. 친타오 사우르스를 이용하여 관광객을 유치하기 위해 공원 등을 조성하기도 했지만, 크게 인기를 끌지는 못했다.

연인 제방 情人坝 [칭런빠]

올림픽 요트 센터의 끝에 있는 방파제로 500m가 조금 넘는 길에는 세계 각국의 국기가 걸려 있고 제방의 끝에는 하얀 등대가 있다. 올림픽 요트 센터에서 제법 거리가 있으며, 마리나 시티 쇼핑몰에서도 도보로 15~20분 정도 소요된다. 제방의 아래쪽에

는 음식점이 있으니 걸어갔다가 바로 돌아오기보다는 제방에서 쉬거나 식사를 하며 휴식을 취하는 것이 좋다. 연인 제방에서 뒤쪽으로 돌아가면 색다른 풍경을 감상할 수 있는 연인도燕儿岛 공원이 있다.

위치 올림픽 요트 센터에서 도보 약 20분

칭다오 신화 서점 青岛新华书店 [칭다오 신화 수띠엔]

중국 최대 규모의 서점 체인 중 하나인 신화 서점의 매장이다. 건물에 한문으로는 '글의 성書城', 영어로 'Book City'라고 쓰여 있다. 칭다오 시내의 서점 중 가장 큰 규모이고, 4층 건물에 각 주제별로 책이 잘 분류되어 있다. 지하 1층의 취미 서적과 3층의

학용품, 문구류 코너가 볼 만하다.

주소 青岛市 市南区 香港中路 67号 / 67 Xianggang Middle Rd, Shinan Qu 위치 ❶ 이온몰에서 도보 5분 ❷ 지하철 2호선 옌얼따오루 역(燕儿岛路) B 출구에서 바로 앞 전화 0532-8587-5440 시간 09:00~21:00

Restaurant & Café
신시가지의 레스토랑과 카페

'운소로 미식 거리'와 '카페와 차 거리'가 있는 신시가는 칭다오 식도락 여행을 즐기기 좋은 지역이다. 이 외에도 마리나 시티의 딘타이펑, 완샹청(믹스몰)의 와이포지아는 칭다오를 찾는 여행자들에게 인기 있는 음식점이고, 이온몰의 맥도날드, 5·4 광장 앞과 마리나 시티의 KFC와 같은 패스트푸드점도 있다. 구시가에는 없는 스타벅스가 이온몰, 마리나 시티, 해신 광장에 있다.

¶¶ 레스토랑

딘타이펑 鼎泰豐 [딩타이펑] ★★★
우리나라 여행자들이 많이 찾는 음식점

육즙이 가득한 샤오롱바오小籠包 (소롱포)로 잘 알려진 대만의 레스토랑 체인점이다. 외국 및 우리나라 언론에서도 극찬하는 음식점인 만큼 음식에 대한 만족도가 높은 편이고, 사진과 영어로도 표기된 메뉴판은 물론 여행자에 대한 배려도 좋다. 칭다오 스타일의 어만두와는 다른 샤오롱바오가 메인이며, 우리나라 딘타이펑 레스토랑에는 없는 메뉴도 많기 때문에 여행자들이 많이 찾는 음식점 중 하나다. 단, 우리나라보다는 저렴하지만 칭다오의 다른 음식점에 비하면 전체적인 식사 비용은 높은 편이다.

주소 青岛市 市南区 澳门路 88号 百丽广场 / F1/88 Aomen Rd, Shinan Qu 위치 마리나 시티 해변 광장에 위치 전화 0532-6606-1309 시간 월~금 11:30~21:30, 토~일 11:00~22:00

와이포지아 外婆家 [와이포지아] ★★★
중국식 패밀리 레스토랑

여행자들에게 추천하는 중국식 레스토랑이다. 1998년 중국의 항저우 지역에서 창업해 중국 전 지역에 80여 개의 지점을 갖고 있다. 일반 음식점에 비해서는 다소 비싼 편이지만 메뉴들이 외국인들의 입맛에도 맞고, 사진 메뉴판으로 되어 있어 쉽게 주문할 수 있다. 완샹청에서 가장 인기 있는 음식점 중 한 곳이기 때문에 기다려야 하는 경우기 많으며 인원에 따라 작은 테이블小桌 A, 중간中桌 B, 대형大桌 C 등 다른 번호표를 받게 된다. 작은 입구와 달리 실내는 상당히 넓어 피크 시간이 아니라면 의외로 기다리는 시간은 짧다.

위치 완샹청 5층 L525 전화 0532-5557-5377 시간 10:30~14:00, 16:30~21:00

선가어수교 船歌鱼水饺 [추안꺼위 수이찌아오] ★★★

칭다오 전통 교자, 어만두 전문점

칭다오의 명물 요리인 생선이 들어간 어만
두를 전문으로 하는 체인점이다. 현지인
들에게도 인기가 많아 기다려야 하는 경우가
많지만, 테이블 회전은 제법 빠른 편이다. 가장 인
기 있는 메뉴는 오징어 먹물 물만두墨鱼水饺이고, 오
징어 먹물 물만두와 삼치만두 등 4가지의 어만두가 나
오는 전가부수교全家福水饺는 다양한 맛을 즐길 수 있
다. 마를 튀기고 달콤한 맛이 나는 연유 소스를 뿌린 산
마튀김奶酪山药, 삼치조림熏鱼肉 등의 메뉴도 인기 있
다. 카페와 차 거리 외에도 완샹청, 마리나 시티 등 칭다오 시내에 5개의 매장이 있다.

주소 青岛市 市南区 闽江二路 57号 / 57 Minjiang 2nd Rd, Shinan Qu 위치 이온몰에서 도보 15분, 85℃ 커피에서 대각
선 건너편에 위치(카페 거리의 끝) 전화 0532-8077-8001 시간 10:30~22:00 가격 오징어 먹물 물만두 36元, 전가
부수교 69元, 산마튀김 26元, 삼치조림 26元

소어촌 해선채관 小渔村海鲜菜馆 [시아오위춘 하이시엔관] ★★★

운소로 미식 거리의 대표 음식점

해도 어촌과 함께 여행자들이 가장 많
이 찾는 곳으로 언제나 우리나라 여행자
와 마주칠 수 있는 곳이다. 레스토랑의 규모
나 메뉴, 주문 방식까지 대부분의 분위기가 해도 어
촌과 비슷하지만, 가격은 조금 저렴한 편이다. 칭다오에서 맛봐야 할 음식인
바지락烤蛤蜊, 굴소스 자연산 전복蚝汁野生大鲍鱼, 삼치 물만두鲅鱼水饺, 매운 간
장 게장锴程似锦 등의 해산물 요리와 다양한 종류의 만두가 소어촌의 인기 메뉴다.

주소 青岛市 市南区 云霄路 16号近 香港中路 / 16 Yun Xiao Lu, Shinan Qu 위치 운소로 입구에서 도보 1분 전화
0532-8077-7669 시간 08:00~21:00

해도 어촌 海岛渔村 [하이따오 위춘] ★★

운소로 최고 규모의 레스토랑

운소로 미식 거리의 중심에 있는 음식점으로 가장 규모가 큰 해산물 레스토랑이다. 호텔도 함께 운영하여 오전에는 호텔숙박객의 아침 식사 장소로 이용되는 150명 이상의 식사가 가능한 넓은 홀에는 많은 인원이 이용할 수 있는 원형 테이블도 있다. 음식 주문은 입구에 있는 음식 모형을 보며 직원에게 요청하면 된다. 오픈 키친에서는 이곳의 인기 메뉴인 만두를 만드는 모습을 볼 수 있다.

주소 青岛市 市南区 云霄路 40号 / 40 Yun Xiao Lu, Shinan Qu 위치 운소로 입구에서 도보 3분 전화 0532-8597-3057 시간 09:00~23:00

순아 해선 順雅海鲜 [순야 하이시엔] ★★

야외에서 즐기는 꼬치와 맥주

매장 입구에 한글 안내가 있어 한글 메뉴판이 있을 것 같지만, 안타깝게도 중국어로 된 메뉴판만 있다. 운소로에서 오랫동안 자리 잡고 있었던 만큼 가격 대비 만족도가 높은 음식을 자랑한다. 양꼬치 외에 소고기, 돼지고기, 닭고기도 있어서 양꼬치를 먹지 않는 사람도 부담 없는 곳이다. 다양한 종류의 생맥주를 팔고, 편안한 야외 좌석도 갖추고 있다.

주소 青岛市 市南区 云霄路 56号 / 56 Yun Xiao Lu, Shinan Qu 위치 운소로 입구에서 도보 5분 전화 0532-8572-5566 시간 09:00~21:00

몽골 양구이 鞑子烤羊腿 [따쯔 카오양투이] ★

운소로의 양꼬치 전문점

운소로 중심에 자리 잡은 양꼬치, 양넓적다리구이 전문점
이다. 우리나라의 양꼬치 전문점과는 달리 실내에서 직접
굽지 않고, 외부에서 구워 온다. 다양한 종류의 꼬치를 1개
씩 주문이 가능하며, 인원이 많은 경우에는 이 집의 대표 메
뉴인 양넓적다리구이를 주문하는 것도 좋다. 칭다오 병맥
주 외에도 원액 맥주라 불리기도 하는 '위엔지양'도 판매한
다. 사진, 영문 메뉴는 없기 때문에 주문 전에 중국 메뉴판
관련 단어를(p.231~233) 참고하자.

주소 青岛市 市南区 云霄路 80号 / 80 Yun Xiao Lu, Shinan Qu 위치 운소로 입
구에서 도보 7분 전화 150-9207-0818 시간 17:00~01:00

대청화 교자 大清花饺子 [따칭화 찌아오쯔] ★

우리나라 여행자들이 많이 가는 만두 전문점

우리나라 여행자들이 많이 이용하는 콥튼 호텔(국돈
호텔) 가까이에 있다. 운소로 미식 거리에서도 가깝기
때문에 오래전부터 우리나라 여행자들이 많이 찾는 음
식점이다. 매장에서 바로 빚어내는 어만두 등의 교자
와 육즙이 가득한 군만두, 중국식 탕수육인 꿔바로우
가 인기 메뉴다. 한글 메뉴판도 있기 때문에 어렵지 않
게 주문할 수 있다.

주소 青岛市 市南区 香港中路 56号 / 56 Xiang Gang
Zhong Lu, Shinan Qu 위치 운소로 입구, 까르푸 대
각선 건너편 도보 3분 전화 0532-8575-3697 시간
09:00~21:00

초교동 俏胶东 [치아오찌아똥] ★ ★

카페 거리의 중국 음식 전문점

카페 거리 끝에 위치한 중국 음식 전문
점이다. 교자와 해산물 요리를 메인으
로 하고 있다. 운소로 미식 거리의 다른
음식점들에 비해 실내 인테리어가 깔끔하
고 고급스럽지만, 식사 비용은 비슷한 수준이다. 대
하와 전복, 성게 등의 고급 식재료를 사용하는 메뉴들이 인
기이며, 매장 입구에 있는 오픈 키친에서 조리하고 있는 모
습을 보는 것도 재미있다.

주소 青岛市 市南区 漳州路 116号 / 116 Zhang Zhou Lu, Shinan Qu 위치 카페 거리 북쪽 입구에서 도보 약 2분 전화
0532-8572-1277 시간 10:00~21:30

리앙유 진두 푸드 시티 良友金都美食城(五四广场店) [량여우 진더우 메이스청] ★ ★

칭다오 최고 등급의 레스토랑

칭다오의 음식점 중 최초로 중
국 최고 등급의 레스토랑国家特
级酒家으로 선정된 고급 레스토랑이다.
산동 반도의 칭다오 요리를 중심으로 하며 일
부 광둥식 요리도 있다. 레스토랑이 있는 2층의 입구
는 오픈 키친으로 되어 있어 조리하는 모습을 볼 수 있
고, 화려한 조각상과 고급스러운 인테리어 소품들로
장식한 실내와 작은 정원도 갖추고 있다. 주로 코스 요
리, 연회식 요리를 먹는 곳이기 때문에 식사 예산은 1
인 200元 이상을 예상해야 한다. 영문 메뉴판이고,
사진 메뉴판은 없다.

주소 青岛市 市南区 东海西路 37号 / 37 Dong Hai Xi Lu, Shinan Qu 위치 5 · 4 광장에서 시 정부 청사 방향으로 도보 약
3분 전화 0532-8581-5777 시간 10:30~14:00, 16:30~21:30

전취덕 全聚德 [취안쥐더] ★ ★ ★

베이징 오리 요리 전문점

우리나라 여행자들에게는 전취덕이라는 이름으로 더
잘 알려진 북경 오리 요리를 전문으로 하는 체인점이
다. 베이징의 본점은 150년 역사를 가지고 있다. 오
리 요리를 주문하면 테이블 앞에서 오리를 해체하는
모습을 보여 준다. 오리 요리는 밀전병에 싸 먹는 것이
일반적인데, 밀전병, 파와 춘장 등은 따로 주문을 해
야 한다. 보통 반 마리는 2인, 한 마리는 3인 이상이 주
문하는 것이 적당하고, 오리 요리 외에도 다양한 중국
요리가 있다. 외국인도 많이 찾는 곳이라 영문 메뉴판
도 있고, 응대도 좋은 편이다.

주소 青岛市 市南区 香港中路12号 / 12 Xiang Gang Zhong Lu, Shinan Qu 위치 5 · 4 광장에서 시 정부 청사 방향으로
도보 약 3분 전화 0532-6677-7308 시간 10:30~21:30

망고트리 Mango Tree ★

칭다오의 대표적인 태국 요리 전문점

방콕과 홍콩 등의 동남아에 지점이 있는 20년 전통의 태국 음식 레스토랑 체인이다. 전통의 멋을 살린 모던한 분위기의 식당으로, 칭다오 시내에 태국 요리 전문점이 많지 않아 오픈 직후에는 예약 없이는 식사를 할수 없을 정도로 인기가 많았다. 팟타이나 똠얌꿍과 같이 우리에게도 익숙한 전통 태국 요리와 샥스핀, 북경오리 등을 이용한 중국 현지화 메뉴도 있다.

위치 완상청 3층 L356 전화 0532-5557-5676 시간 10:00~21:00

JAZZ STEAK 爵士牛排 [쥐에스 니우파이] ★

차분한 분위기의 스테이크 전문점

콥튼 호텔(국돈 호텔) 바로 앞에 있는 스테이크 전문점으로, 우리나라 여행자들에게 잘 알려진 곳이다. 칭다오에 7개의 체인점을 운영하고 있으며 차분한 분위기에서 식사를 즐길 수 있다. 스테이크 메뉴를 주문하면 샐러드 바를 이용할 수 있고, 가장 인기 있는 메뉴는 시그니처 메뉴인 재즈 스테이크(JAZZ STEAK)다. 지하 1층에 위치하고, 1층에 있는 분식점 입구와 착각할 수 있으니 잘 살펴보고 들어가자.

주소 青岛市 市南区 香港中路 28号 / 28 Xiang Gang Zhong Lu, Shinan Qu 위치 국돈 호텔 바로 앞, 까르푸 건너편 전화 0532-8581-0178 시간 11:00~ 22:00 가격 재즈 스테이크 96元

레저 레스토랑(회전 초밥) 禾绿回转寿司 [허뤼 후이쭈안 셔우쓰] ★★

6元부터 시작하는 회전 초밥

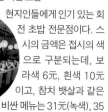

현지인들에게 인기 있는 회전 초밥 전문점이다. 스시의 금액은 접시의 색으로 구분되는데, 보라색 6元, 흰색 10元이고, 참치 뱃살과 같은 비싼 메뉴는 31元(녹색), 35元(검정색)이다. 레일 위에 원하는 스시가 없는 경우는 사진과 영문 표기가 되어 있는 메뉴판을 보고 주문할 수도 있다. 모듬 회, 우동과 소바, 덮밥류 등의 메뉴도 있고, 칭다오 맥주와 일본 술도 판매한다.

위치 마리나 시티 쇼핑몰 3층 전화 0532-6678-8601 시간 11:00~21:30

더 다이너 22 The Diner 22 ★★

칭다오에서 즐기는 수제 버거

칭다오 외국인들의 모임 장소로 인기가 높은 레스토랑이다. 칭다오에서 제대로 된 수제 버거를 맛볼 수 있는 몇 안 되는 곳이다. 아메리칸 다이닝을 기본으로 하여 이탈리안 요리를 접목시킨 형태로, 수제 버거 외에도 다양한 양식 메뉴를 접할 수 있다. 수제 버거, 크림소스 파스타와 리조또 그리고 피자 메뉴가 인기가 많다. 음식 가격은 다소 높은 편이지만, 넓고 쾌적한 공간과 어떤 음식을 주문해도 만족할 만한 메뉴가 매력적인 곳이다.

주소 青岛市 市南区 漳州二路 25号 / 25 Zhang Zhou Er Lu, Shinan Qu 위치 카페 거리 입구, 이온몰에서 도보 5분 전화 0532-8577-1222 시간 11:00~22:00 가격 햄버거(汉堡) 68元, 치즈 버거(芝士狂人) 70元, 파스타(意面) 80元~

🍵 카페 & 디저트

85℃ 85度C [바스우 뚜] ★★★

소금 커피를 맛볼 수 있는 베이커리 카페

대만에 본사를 두고 있는 베이커리 & 커피 체인점으로 중국 외에도 홍콩, 미국, 호주에도 지점이 있다. 테이크아웃 전문 매장과 테이블이 있는 매장으로 구분된다. 85℃에서 가장 유명한 메뉴는 소금 커피Sea Salt Coffee로 커피 위에 올라간 부드러운 우유 거품에 소금이 들어간다. 짭짤한 우유 거품과 달콤한 커피가 의외로 잘 어울린다.

주소 青岛市 市南区 闽江路 170号 / 170 Min Jiang Lu, Shinan Qu 위치 카페 거리 끝에 위치, 이온몰에서 도보 15분 전화 0532-8572-0041 시간 08:00~20:00

케어 카페 可儿咖啡馆 [커얼카페이관] Keer Cafe ★★

예쁜 라테 아트가 자랑인 앤티크 카페

다양한 카페들이 늘어선 카페 거리에서도 단연 돋보이는 외관을 자랑한다. 실내 인테리어는 앤티크하고 클래식하다. 다양한 커피와 스무디 메뉴는 기본이고, 와플과 케이크 등의 디저트도 충실히 갖추고 있다. 케어 카페의 가장 큰 특징은 라떼 아트다. 우유가 들어간 따뜻한 커피를 주문하면 우유 거품 위에 근사한 라떼 아트로 장식을 해 준다. 정석인 로제타, 하트 외에 캐러멜 시럽과 코코아 파우더로 한껏 기교를 부린 이곳의 화려한 라떼 아트는 보는 즐거움까지 더한다.

주소 青岛市 市南区 闽江二路 27号 위치 ① 카페 거리 입구에서 도보 2분(카페 거리 중심에 위치) ② 원양 광장(远洋广场) 버스 정류장에서 도보 3분 전화 0532-8575-8585 시간 09:00~03:00

카페 코나 Café Kona ★

칭다오 교민들의 친목 장소

칭다오 교민들의 커뮤니티 장소로 애용되는 카페인 만큼 안심하고 방문할 수 있다. 칭다오에서 한글 메뉴와 안내문이 가장 잘 되어 있는 곳이다. 세계 3대 커피인 코나 커피를 중심으로 팬시한 원두를 다수 보유하고 있어 다양한 지역의 커피를 핸드 드립으로 경험할 수 있다. 오전엔 브렉퍼스트, 오후엔 애프터눈 티, 저녁엔 와인까지 즐길 수 있다는 것도 카페 코나의 빼놓을 수 없는 매력. 다양한 푸드 메뉴와 향기로운 커피로 여행자에게 휴식을 선사하는 안락한 공간이다.

주소 青岛市 市南区 福州南路 21号 / 21 Min Jiang Er Lu, Shinan Qu 위치 ❶ 카페 거리 입구에서 도보 2분(카페 거리 중심에 위치) ❷ 원양 광장(远洋广场) 버스 정류장에서 도보 3분 전화 0532-8571-1400 시간 09:00~24:00

단향 丹香 [딴시앙] ★

시내 곳곳에 매장이 있는 디저트 전문점

산둥성 최대 규모의 베이커리 체인 '칭다오 단향 식품 유한 회사'에서 운영하는 디저트 전문점으로, 케이크와 푸딩, 갓 구운 빵과 커피를 함께 판매한다. 단향의 가장 큰 매력은 저렴한 케이크 가격(한 조각 6.5~13元)이다. 때문에 수십여 개의 깜찍한 케이크들을 부담 없이 마음껏 즐길 수 있다. 베이커리 종류도 다양하기 때문에 간단히 점심 식사를 해결하기도 좋다. 칭다오 시내에 20여 개의 매장이 있다.

주소 青岛市 市南区 漳州二路 8号 위치 카페 거리 입구, 이온몰에서 도보 5분 전화 0532-6656-2105 시간 24시간

연화각 莲花阁 [리엔화꺼] ★ ★ ★

예쁜 인테리어의 전통 카페

카페와 차 거리에서 가장 유명한 전통 찻집이다. 벽돌로
된 외관에 오래된 듯한 느낌의 중국 전통 문을 열고 들어가
면 배 모양의 테이블, 정자를 콘셉트로 하고 있는 테이블
등 연꽃 누각이라는 뜻의 가게 이름만큼이나 예쁜 인테리
어가 눈길을 끈다. 칭다오 인근의 라오산 녹차崂山绿茶를
비롯해 중저가 차부터 최고급 차까지 다양한 차를 즐길 수
있다. 차값 외에 1인 15元의 자릿세가 있다. 나무 책(죽간)
에 한자만 적힌 메뉴판만 있어 주문을 하는 것이 쉽지 않아
직원에게 금액을 확인하고 추천을 받는 것이 편하다.

주소 青岛市 市南区 闽江二路 38号 / 38 Min Jiang Er Lu, Shinan Qu 위치 카페 거리 입구에서 도보 2분(카페 거리 중
심에 위치) 전화 0532-8578-2025 시간 09:00~24:00 가격 라오산 녹차 55元~

DQ 아이스크림 DQ 冰雪皇后 [DQ 삥쉐황 허우] ★ ★

뒤집어도 흘러내리지 않는 아이스크림

1940년 미국의 일로노이 주에서 시작해 현재 25
개국에 6,500여 개의 매장을 운영하고 있
는 미국 최대 규모의 아이스크림 체인점으
로, 워렌 버핏이 투자하는 곳으로도 잘 알
려져 있다. 데어리 퀸의 대표 메뉴는 해외
에서는 블리자드라 불리는 폭풍설暴风雪
[bàofēngxuě] 아이스크림이다. 쫀득한 질감
에 뒤집어도 흘러내리지 않는 것으로 유명
하다. 가장 저렴한 기본 소프트아이스크림醇香 甜筒
[bhúnxiāng tiántǒng]은 싱글 6元, 더블 8元으로 쇼핑
하며 가볍게 맛보기 좋다.

위치 마리나 시티 지하 1층 시간 10:00~22:00

아이와 함께하기 좋은 가족 여행지

석노인 해수욕장 일대

石老人海水浴场

용왕이 잡아간 딸을 기다리다 돌이 됐다는 노인의 전설이 있는 석노인 지역은 칭다오 시내에서 동쪽으로 20km 떨어진 곳으로, 라오산 가는 길에 있다.

3km에 이르는 긴 해변은 여름에는 해수욕장으로 붐비고, 북극을 테마로 하는 동물원 겸 수족관인 극지해양세계와 해안 산책로를 따라 조성된 조각 공원, 칭다오 박물관 등의 관광지가 있어 아이와 함께하는 가족 여행지로도 인기가 많다. 공항에서 석노인까지 리무진 버스가 운행하고, 시내 관광지로의 접근성도 좋아 이곳의 고급 호텔에서 숙

박을 하며 여유로운 여행을 즐겨도 좋다. 해변 한쪽에 있는 석노인 골프장도 우리나라 여행자들이 많이 찾는 곳 중 하나다.

 위치

❶ 지하철 2호선 스라오런 위창 역(石老人浴场) B1 출구에서 도보 5분
❷ 칭다오 공항에서 703번 리무진 버스를 이용하여 약 60분 / 20元
❸ 칭다오 역(구시가)에서 304, 316번 버스를 이용하여 약 70분 / 2元
❹ 부산소(신시가 까르푸 앞)에서 104, 110, 304, 316번 버스를 이용하여 약 40분 / 2元

Best Course

극지해양세계, 조각 예술관, 칭다오 박물관 등 석노인 지역의 모든 관광지를 방문할 계획이라면 해수욕장까지는 버스로 이동하더라도, 이후에는 택시를 한 두 번 이용하는 것이 좋다. 버스를 이용할 경우 칭다오 시내에서 오는 버스 외에도 석노인 지역 내 버스를 이용할 수 있고, 한두 정거장만 이동하면 되기 때문에 방향만 확인해서 버스를 타면 된다.

| 칭다오 신시가 | 지하철20분 (버스 30분) | 극지해양세계 | 버스 5분 (도보 20분) | 조소 예술관 |

버스 5분
(도보 20분)

| 칭다오 신시가 | 버스 45분 | 칭다오시 박물관 | 버스 10분 (도보 30분) | 석노인 해수욕장 |

극지해양세계

극지해양세계 极地海洋世界 [지띠 하이양 쓰찌에]

수족관과 동물원이 결합된 실내 테마파크

북극곰, 바다표범, 수달과 다양한 어류를 볼 수 있
는 동물원이자 대형 수족관이다. 아이와 함께 여행
하는 가족 단위의 여행자들이 찾으면 좋은 곳이다.
돌고래와 물개, 바다표범이 공연을 하는 엔터테인
먼트 지역과 북극의 자연환경을 재현하고 전시하는
박물관 지역으로 나뉘어 있다. 중국 여유국(관광청)
에서 지정한 AAAA급 관광지답게 꽤 규모가 크고
관리가 잘 되어 있는 편이다. 칭다오 시내의 동물원
과 해저세계보다 수준 높은 볼거리를 제공하고 있
다. 해변 산책로를 따라 조각 공원과 칭다오 박물관
으로 연결된다.

주소 青岛市 崂山区 东海东路 60号 / 60 Donghai E Rd,
Laoshan Qu 위치 ❶ 지하철 2호선 하이촨루(海川路)

역 A 출구에서 도보 10분 ❷ 버스 102, 317, 504번 이용
극지해양세계(极地海洋世界) 정류장 하차 전화 0532-
8099-9777 시간 08:30~17:00 요금 4~10월 180元,
11~3월 150元 / 120cm 이하 무료

칭다오시 박물관 근처의 무료 박물관

금융 및 예술품 옥션을 진행하는 기업인 진시金石에서 운영하는 박물관으로 주로 수석을 전시하고 있다. 건물 내에는 여러 개의 박물관이 모여 있는데 대부분 무료로 개방하고 있으며, 수석 외에도 현대 예술가들의 기획전과 중국 전통 회화 작품, 도예 작품 등을 전시하고, 예술 작품을 판매하는 코너도 있다. 칭다오시 박물관 근처에 있기 때문에 함께 둘러보기 좋다.

주소 青岛市 崂山区 秦岭路 8号 /8 Qin Ling Lu, Laoshan Qu 위치 칭다오시 박물관에서 도보 5분 전화 0532-8889-9988 시간 09:00~12:00, 13:00~17:00 / 월요일 휴관

칭다오 도시계획 전시관 青岛规划展览馆 [칭다오 꾸이화 잔란판]

모형으로 보는 칭다오의 풍경과 역사

칭다오의 역사를 비롯해 도시 발전의 과정과 도시
의 현재와 미래를 소개하는 곳이다. 전시실에는 칭
다오의 도시 모형이 전시되어 있는데, 이는 중국의
도시 모형 중 최대 규모를 자랑한다. 모형뿐 아니라
대형 스크린을 통해 칭다오 도시 발전의 변천사를
사진과 영상으로 소개한다. 구시가와 신시가를 이
미 둘러본 여행객들은 방문했던 곳을 아기자기한
모형으로 다시 찾아보는 재미도 있다. 입장료는 무
료이지만 여권을 제시해야 한다.

주소 青岛市 崂山区 东海东路 78号 / 78 Dong Hai
Dong Lu, Laoshan Qu 위치 ❶ 석노인 해수욕장 남
단 ❷ 버스 104, 304, 316번 이용 산동두(山东头) 정

류장 하차 후 도보 7분 전화 0532-6886-8777 시간
10:00~16:00 요금 무료(여권 제시)

조소 예술관 雕塑艺术馆 [띠아오쑤 이수관]

해변 산책로와 이어지는 무료의 야외 조각 공원

석노인 해수욕장의 남쪽, 극지해
양세계에서 해안 산책로를 따라
해수욕장으로 가는 산책로 중간
에 있는 조소 예술관은 실내 전시
관과 야외 공원으로 이루어져 있
다. 실내에는 20세기 근현대 중국
을 대표하는 예술가의 조소 작품

이 전시되어 있고, 야외 공원에는 산책로를 따라 대형
조소 작품이 전시되어 있다. 실내 전시관은 입장료가
필요하지만, 야외 조각 공원은 무료다.

주소 青岛市 崂山区 东海东路 66号 / 66 Dong Hai Dong Lu, Laoshan Qu 위치 ❶ 지하철 2호선 하이안루(海安路) 역
B 출구에서 도보 10분 ❷ 버스 104, 110, 304, 316번 이용 해청로(海青路) 정류장 하차 후 도보 5분 ❸ 석노인 해수욕장
과 극지해양세계의 중간 지점 전화 0532-8287-2937 시간 10:00~16:00 / 월요일 휴관 요금 실내 전시관 10元

석노인 해수욕장 石老人海水浴场 [스라오런 하이수이위창]

칭다오에서 가장 큰 해수욕장

석노인이라는 이름은 바다를 바라보고 있는 노인을 닮은 바위에서 유래된 것이다. 3km에 이르는 길고 넓은 백사장을 가진 해수욕장은 칭다오에서 가장 큰 해수욕장으로 시내의 제1~제4 해수욕장보다 탁 트인 느낌이 든다. 멀리 신시가의 고층 빌딩이 아련히 보이는 풍경도 좋다. 해수욕을 즐길 수 있는 시기는 6월 말부터 8월 중순까지지만, 해수욕 시즌이 아니라도 가볍게 백사장을 거닐거나 주변 풍경을 즐겨도 좋다.

주소 青岛市 崂山区 海口路 287号 / 287 Hai Kou Lu, Laoshan Qu 위치 ❶ 지하철 2호선 스라오런 위창(石老人浴场) 역 B 출구에서 도보 5분 ❷ 칭다오 역(구시가)에서 버스 304, 316번 이용 약 30분, 산동두(山东头) 정류장 또는 칭다오대극원(青岛大剧院) 정류장 하차 ❸ 부산소(신시가 까르푸 앞)에서 버스 104, 304, 316번 이용 약 60분, 산동두(山东头) 또는 칭다오대극원(青岛大剧院) 정류장 하차

칭다오시 박물관 青岛市博物馆 [칭다오스 뽀우관]

중국 최초의 국가 일급 박물관

1965년 개관한 칭다오시 박물관은 중국에서 첫 번째로 허가받은 국가 일급 박물관으로, 2000년에 노산구에 새로 신축된 신관이 개방되었다. 크게 동편 전시장, 서편 전시장으로 나뉘고, 지하 1층과 지상 3층에 16개의 전시관이 있다. 선사 시대부터 근현대에 이르기까지 도자기, 화폐, 옥기 등을 포함한 약 16만여 점에 달하는 문화재를 소장하고 있다. 일부 중요 문화재는 영어와 한국어 음성 안내 서비스를 제공하고 있으며, 박물관 곳곳에 휴게 공간을 두는 등 방문객을 위한 편의 시설도 잘 갖추고 있다. 박물관 소장품의 1/3 정도는 칭다오와 산둥 반도 일대의 문화재다.

주소 青岛市 崂山区 梅岭东路 51号 / 51 Mei Ling Dong Lu, Laoshan Qu 위치 ❶ 석노인 해수욕장에서 도보 약 15분 ❷ 시내에서 버스 321번 이용 칭다오 박물관(青岛 博物馆站) 정류장 하차 후 도보 5분 시간 5~10월 09:00~17:00, 11~4월 09:00~16:30 / 월요일 휴관 요금 무료 홈페이지 www.qingdaomuseum.com

황다오 금사탄 해변과 힐튼 리조트

몇 년 전까지만 해도 여행자에게는 잘 알려지지 않았던 황다오 지역이 해저 터널이 뚫리면서 접근이 용이해져 휴양지로 부상하고 있다. 황다오黃島는 칭다오시와 교주만胶州湾 바다를 사이에 두고 있는 곳으로, 해수욕과 휴양을 원한다면 가 보는 것도 나쁘지 않다. 해안선을 따라 금사탄, 은사탄 해수욕장이 펼쳐지고, 해수욕장 주변으로 고급 리조트와 호텔들이 자리하고 있다.

길이 41.58km로 세계에서 두 번째로 긴 해상 대교인 자오저우만 대교胶州湾大桥나 2011년 개통한 해저 터널胶州湾隧道을 이용해 칭다오 시내와 공항에서 찾아갈 수 있다. 해저 터널을 이용하면 구시가에서 20km 거리지만 여행객들이 찾아가는 해수욕장 또는 힐튼 리조트까지는 버스를 환승하거나 택시를 이용해야 하기 때문에 1시간 정도 예상하고 이동해야 한다. 택시를 이용할 경우 미터 요금으로 가지 않고 약 70~100元 정도를 요구하며, 공항에서는 150~200元으로 갈 수 있다.

🔅 금사탄 해변 金沙滩 [찐사탄]

골든 비치라는 이름 그대로 황금빛 모래가 펼쳐진 금사탄 해변은 폭 300m, 길이 3.5km에 이르는 백사장이 길게 이어진다. 여름에는 고운 모래 백사장과 깨끗한 수질 때문에 많은 피서객들이 몰린다. 해변 주변에 아웃렛 매장과 아이들을 위한 놀이시설 등이 들어서고 있다. 석노인 해수욕장과 함께 칭다오 인근에서 가장 인기 있는 해수욕장이지만 짧은 일정으로 칭다오를 방문하는 여행자들이 찾기는 쉽지 않은 곳이다.

위치 칭다오 역에서 터널(隧道) 2번 버스를 타고 종점(薛家岛枢纽站)에 하차하여 4번 버스로 환승한 후 금사탄 서쪽(金沙滩西) 또는 금사탄(金沙滩), 연태진(烟台前) 정류장 하차

🔅 힐튼 칭다오 골든 비치 青岛金沙滩希尔顿酒店 Hilton Qingdao Golden Beach

황다오는 물론 칭다오에서 가장 고급스러운 호텔이다. 유럽의 성을 연상케 하는 화려한 외관과 함께 실내외 수영장이 있어 아이와 함께하는 여행자들에게 인기가 있다. 훌륭한 리조트 시설을 갖추고 있으면서도 비교적 저렴한 가격이 매력적이다. 특히 힐튼 호텔 멤버십 골드 티어 소지자는 저렴하게 스위트 룸으로 업그레이드를 받기 좋은 호텔 중 하나로 알려져 있다.

주소 青岛市 经济技术开发区 嘉陵江东路 1号 전화 0532-8315-0000 요금 12~18만 원/1박 홈페이지 www3.hilton.com/en/hotels/china/hilton-qingdao-golden-beach-TAOGBHI/index.html

Restaurant

석노인 해수욕장 일대의 레스토랑

마켓 카페 Market Café

합리적인 예산의 하얏트 리젠시 호텔의 레스토랑

석노인 해수욕장의 대표적인 호텔인 하얏트 리젠시 호텔의 1층에 있는 카페 겸 레스토랑이다. 오전 10시까지는 호텔 투숙객을 위한 뷔페 레스토랑으로 운영되기도 하지만, 주말을 제외한 평일에는 카페 메뉴와 디저트, 식사류를 단품으로 주문할 수 있다(a la Carte, all Day Dining). 커피와 차는 35元 정도로 시내의 카페에 비하면 10~20% 정도 비싸지만, 특급 호텔에서 바다를 바라보며 마시는 커피치고는 합리적인 편이다.

주소 青岛市 崂山区 东海东路 88号 / 88 Dong Hai Dong Lu, Laoshan Qu   위치 하얏트 리젠시 1층   전화 0532-8612-0656   시간 월~금 06:00~23:00

칭다오 리앙유 (석노인점) 青岛良友 石老人店 [칭다오 량여우 스라오런띠엔]

해안을 바라보며 즐기는 중국식 코스 요리

석노인 골프장 코스 사이에 있는 고급 시푸드 레스토랑으로 석노인 해안가를 바라보며 식사를 즐길 수 있다. 칭다오의 명물 요리인 어만두와 해산물을 이용한 요리가 인기가 많으며, 광둥식, 사천식 요리 등 다양한 메뉴를 갖추고 있다. 주말에는 결혼식 피로연 같은 행사 장소로 이용되기도 해서 개인 손님을 받지 않는 경우도 있다. 특선 메뉴인 라오산 냉채, 물만두 해선수교 등이 인기이며, 대부분의 메뉴가 30元 이상으로 1인 식비는 100元 이상 예상해야 한다.

주소 青岛市 崂山区 香港东路 466号 / 466 Xiang Gang Dong Lu, Laoshan Qu 위치 석노인 해수욕장에서 차로 약 5분 전화 0532-6887-7676 시간 24시간 가격 라오산 냉채(自制崂山凉菜) 26元, 해물 만두 해선수교(海鲜水饺) 38元

김밥천국 包饭天国 [빠오판 티엔궈]

칭다오 박물관 앞 음식점

라오산구의 칭다오시 박물관 주변 지역은 신도시 개발이 진행 중이라 이렇다 할 음식점이 없는데, 그나마 찾기 쉬운 곳이 김밥천국이다. 칭다오시 박물관에서 대각선 건너편에 있는 아파트 단지 앞 상가에 있는 분식집으로 우리나라에서 먹던 분식을 맛볼 수 있다. 김밥천국 외에도 교포가 운영하는 한국 슈퍼, 치킨집, 카페 등이 있다.

주소 青岛市 崂山区 云岭路 10号 / 10 Yun Ling Lu, LaoShan Qu 위치 칭다오시 박물관에서 도보 3분 전화 0532-8889-3936 시간 07:00~21:00

근교 여행

라오산
崂山, 노산

산둥성 칭다오시 동북부에 위치한 산으로 해발 약 1,132m, 면적 446km²으로 우리나라의 지리산(440km²)과 비슷한 규모를 자랑한다. 라오산은 바다와 산의 풍경을 모두 조망할 수 있는 아름다운 산세를 자랑하고, 오래전부터 '태산이 높다 하더라도 동해의 노산보다 못하다(泰山虽云高, 不如东海崂)'라는 말처럼 중국 해안 제일의 절경을 자랑한다. 그리고 라오산은 역사와 문화적으로 높은 가치를 갖고 있다. 진시황이 불로초를 구하기 위해 많은 법사들을 보낸 곳이며, 중국 도교의 발상지이기도 하다. 칭다오 여행 중 쉽게 볼 수 있는 라오산 맥주와 라오산 생수는 맑은 라오산 물로 만들고, 녹차 또한 라오산의 특산품이다. 칭다오 시내에서 접근성이 좋아 쉽게 방문할 수 있으며, 셔틀버스와 케이블카를 이용하면 등산이라기보다 산책하는 느낌으로 다녀올 수 있다.

172

라오산으로 이동하기

7개의 유람구游览区로 구분되어 있는 라오산을 오르는 코스는 크게 거봉巨峰, 앙구仰口, 북구수北九水, 화루华楼 코스가 있다. 일반적으로 여행자들이 많이 가는 거봉 코스와 앙구 코스는 대하동 매표소에서 출발하고, 북구수 코스는 손가촌 매표소에서 출발한다. 칭다오 시내 까르푸 맞은편에서 버스를 타고 매표소에 도착한 후 매표소에서 셔틀버스를 타고 각 코스의 입구로 이동한다. 칭다오 시내에서 리오신으로 가는 버스는 일반 시내버스와 달리 안내원이 요금을 받는다.

라오산 공식 홈페이지 www.qdlaoshan.cn

칭다오 시내에서 라오산으로 가는 버스는 안내원이 요금을 받는다.

라오산 여객 복무 중심 외부

● **대하동 매표소**　**라오산 풍경구 여객 복무 중심**
崂山风景区游客服务中心

거봉 코스와 앙구 코스가 시작되는 곳이다. 하루에 두 개의 코스를 모두 보는 것은 불가능하니, 둘 중 하나의 코스를 선택해야 한다. 라오산의 정상에 오르는 것에 의미를 둔다면 거봉 코스를, 가볍게 산책하듯 바다와 산의 풍경을 즐기고 싶다면, 앙구 코스를 선택하자. 두 개의 코스 모두 케이블카를 이용하면 크게 어렵지 않게 등산할 수 있지만, 앙구 코스가 조금 더 쉬운 편이다. 코스별 티켓에는 셔틀버스 요금과 각 코스의 입장료가 포함되어 있으니 분실하지 않도록 주의하자.

🔍 **찾아가기**
❶ 칭다오 시내에서 104번, 304번 버스 이용하여 대하동大河东 정류장 하차 / 약 1시간 20분(3.5元)
❷ 택시 이용 시 150~200元

● **손가촌 매표소**　**라오산 북구수 유람구 여객 복무 중심**
崂山北九水游览区游客服务中心

북구수 코스가 시작되는 곳이다. 계곡을 따라 산책을 즐기는 북구수 코스는 시내에서 버스를 타고 손가촌 매표소로 가면 된다.

🔍 **찾아가기**
❶ 칭다오 시내에서 110번, 311번 버스 이용하여 손가촌孙家村 정류장 하차 / 약 2시간(4.5元)
❷ 택시 이용 시 200~250元

Tip 입장권

❶ 처음 입장권을 개표할 때 지문을 등록하고, 각 유람구를 입장할 때
마다 입장권과 지문을 확인한다. 또한 지문을 등록할 때 사진도 함
께 찍는다. 입장권은 유람구 입장뿐만 아니라 셔틀버스를 탈 때
도 필요하니, 분실에 주의하고 꺼내기 쉬운 곳에 두자.

❷ 입장권에는 셔틀버스 요금과 유람구 입장료가 포함되어 있지
만 케이블카와 절이나 사원의 입장료는 포함되어 있지 않다.

[라오산 요금]

구분	양구仰口 코스 태청 – 기반석 – 양구 유람구		거봉巨峰 코스 거봉 유람구		북구수北九水 코스 북구수 유람구	
	4~10월	11~3월	4~10월	11~3월	4~10월	11~3월
기간						
성인	130元	100元	120元	90元	95元	70元
학생	85元	75元	80元	65元	65元	50元
어린이(1.2~1.4m)	65元	50元	60元	45元	47元	35元

라오산 코스

일반적으로 여행자들이 많이 가는 코스는 거봉 코스와 앙구 코스다. 계곡을 보며 산책을 즐기는 북구수 코스는 아이를 동반하는 가족 여행자에게 추천한다. 화루 코스는 여행자들뿐 아니라 현지인들도 일부러 찾는 경우는 많지 않다.

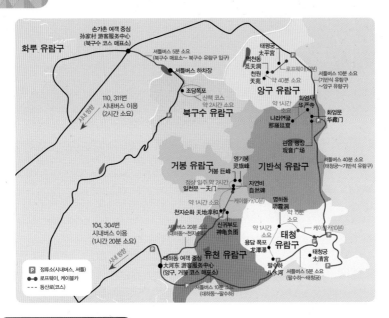

앙구 코스(남부 + 동부 해안) 태청太清 - 기반석棋盘石 - 앙구 유람구仰口 游览区

앙구 코스에는 앙구 유람구를 포함해 태청 유람구와 기반석 유람구의 입장료가 포함되어 있다. 한 곳만 입장할 수 있는 거봉 유람구보다 다양한 풍경을 감상할 수 있다. 코스 내에 있는 앙구 삭도, 태청 삭도를 이용하면 시간을 절약할 수 있지만, 그렇다 하더라도 3개 유람구를 모두 보는 것은 사실상 불가능하다. 대부분의 여행자는 가장 가깝고 라오산의 상징적 도교 사원이 있는 태청 유람구나 가장 멀리 있지만 아름다운 기암괴석과 바다와 산의 풍경을 함께 즐길 수 있는 앙구 유람구를 방문한다. 다양한 조합으로 코스를 짤 수 있기 때문에 라오산 여객 복무 중심에 도착하는 시간과 컨디션 등을 고려해 방문하자.

거봉 코스(중부) 거봉 유람구巨峰 游览区 : 라오산의 정상

라오산의 정상인 거봉은 해발 약 1,132m로, 중국 대륙에서 바다와 제일 가깝고 제일 높은 산이다. 거봉은 산과 바다의 여러 기암절벽이 어우러져 있어서 그 경치가 매우 뛰어나다. 거봉을 오르면 끝없이 펼쳐진 황해 바다와 작은 섬들 그리고 미묘하게 변화하는 오색구름과 시원한 바람을 느낄 수 있다. 여름에는 운해의 기이한 광경과 함께 아름다운 산세를 만끽할 수 있으며, 겨울에는 빠르게 변하는 다양한 기상 현상을 볼 수 있다. 오래전부터 '거봉욱조巨峰旭照(거봉에서의 아침 해)'라 하여 거봉의 일출은 라오산 풍경 중에서도 최고로 꼽힌다.

북구수 코스(북부) 북구수 유람구北九水 游览区 : 계곡을 즐기는 산책

등산이라기엔 가파른 경사를 오르는 구간이 없고, 대부분 계곡을 따라 조성된 산책로를 걷는다. 거봉 코스와 앙구 코스에 비해 역사나 문화적인 부분은 부족하지만 계곡과 작은 연못, 폭포가 절경을 이루기 때문에 현지인들이 좋아하는 코스다. 특히 여름에 시원한 계곡을 찾아 방문하는 사람이 많은데, 물놀이는 금지되어 있다.

태청 유람구 太清游览区 [타이칭 여우란취]

라오산 여객 복무 중심에서 셔틀버스로 약 15분 거리에 있는 태청궁崂山太清宫을 중심으로 하는 유람구다. 셔틀버스가 팔수하八水河, 태청궁, 태청 삭도太清索道(케이블카)에서 세 번 정차를 하기 때문에 다른 유람구에 비해 다양한 동선으로 둘러볼 수 있다. 태청궁은 완만한 언덕에 자리 잡고 있는 도교 사원이라 등산을 하는 기분은 느끼기 어렵다. 태청 유람구에서 등산을 즐기기 위해서는 팔수하 또는 태청 삭도에서 상청궁上清宫과 명하동明霞洞으로 올라가야 한다. 태청궁 앞에는 KFC와 슈퍼마켓 등이 있어 식사를 하기에 좋다.

위치 라오산 여객 복무 중심에서 셔틀버스 이용 약 15분 **등산 소요 시간** 태청궁만 보는 것은 등산 없음

팔수하 八水河 [빠수이허]

'팔수하'라는 이름은 8개의 계곡물이 하나의 강으로 합쳐졌다고 해서 붙여진 이름이다. 이 강은 라오산의 주요한 강으로, 총 길이는 8km이다. 강물은 바다까지 이어지는데, 모두 용담 폭포에서 내려온 것이다. 길이가 길진 않지만 풍경이 매우 뛰어나다. 팔수하 버스 정류장을 따라 등산을 시작하면 용담 폭포를 지나 상청궁, 명하동으로 이동할 수 있으며, 태청 삭도 또는 등산로를 이용해 내려갈 수 있다. 버스를 타고 도착하는 곳은 등산로 입구 바로 앞의 주차장이다. 이곳에서 라오산 여객 복무 중심으로 가는 버스는 등산로에서 내려와 바다를 바라보는 방향을 기준으로 우측 끝에 있다. 앙구 유람구, 기반석 유람구, 태청궁에서 승객을 태워 오는 버스이기 때문에 자리가 없어 타지 못하는 경우도 있다.

위치 라오산 여객 복무 중심에서 셔틀버스 10분

라오산 태청궁 崂山太清宫 [라오산 타이칭꽁]

태청만에 자리 잡고 있는 도교 사원이다. 태청궁의 역사는 서한 한무제 원년인 기원전 140년부터 시작되었다. 태청궁을 감싸고 있는 상청궁이 있어 하궁下宫으로 불리기도 하지만 라오산의 궁, 관, 암 중 가장 큰 규모이다. 또한 라오산뿐만 아니라 중국 전국에서도 가장 중요한 도교 사원 중 하나이다. 삼관전三观殿, 삼청전三清殿, 삼황전三皇殿 등 3개의 전당을 중심으로 민간 신앙에서 모시는 관우關羽의 제당 등 다양한 볼거리가 있다. 태청궁의 가장 위쪽에는 도교 사상을 정립하는 데 큰 역할을 한 노자老子의 신상神像이 있는데, 그 높이가 38m이다. 사원 앞에는 KFC와 음식점, 매점이 있어 앙구 코스에서 식사하기 가장 좋은 곳으로 꼽는다.

위치 라오산 여객 복무 중심에서 셔틀버스 15분 / 셔틀버스 승하차 장소 동일 **시간** 4~10월 06:00~18:00, 11~3월 07:00~17:00 **요금** 27元

📷 태청 삭도(케이블카) 太清索道 [타이칭 쒀따오]

태청궁에서 앙구 유람구 방향으로 가는 셔틀버스의
첫 번째 정류장이 태청 삭도이다. 앙구 유람구에서 돌
아올 때는 이곳에서 셔틀버스가 정차하지 않기 때문
에 케이블카를 타려면 앙구 유람구로 가기 전에 이용
해야 한다. 케이블카는 계곡을 오르다가 내려가기도
하기 때문에 탑승한 곳으로 다시 돌아갈 때 산을 오르
고 싶지 않다면 왕복 티켓을 구입하는 것이 좋다. 케이
블카를 이용하여 명하동明霞洞에 오른 후 케이블카를
이용하지 않고, 상청궁上清宮, 용담 폭포龙潭瀑를 거
쳐 팔수하八水河로 내려오는 코스는 내리막길만 이어진다.

위치 ❶ 라오산 여객 복무 중심에서 셔틀버스 18분 **❷** 라오산 태청궁에서 셔틀버스 3분
요금 편도 45元, 왕복 80元

📷 명하동 明霞洞 [밍샤뚱]

태청 유람구에서 가장 높은 곳에 자리한 동굴이며, 동
굴 옆에는 사원이 있다. 거대한 바위가 떨어지다 걸려
서 형성된 동굴로 1211년에 이 동굴에 건물을 지었
다. 동굴에는 천반주하天半朱霞라고 쓰여 있는데, 이
는 '붉은 아침 햇살이 하늘의 절반을 덮는다'는 뜻으로
라오산 12경 중 하나인 명하산기明霞散绮를 표현한 문
구이다. 동굴 옆의 사원은 명하동 두모궁으로 명나라
때에 지어졌고, 다섯 그루의 큰 나무가 관음전을 둘러
싸고 있는 모습이 독특하다. 태청궁 코스에서 가장 높
은 곳에서 라오산의 기암괴석 풍경을 감상하기 좋다.

위치 태청 삭도에서 도보 약 10~15분 **요금** 6元

📷 용담 폭포 龙潭瀑 [룽탄프우]

라오산 남쪽 기슭의 여덟 개의 계류가 합쳐
져 이뤄진 폭포로 '옥룡 폭포玉龙瀑'라 불
리기도 한다. 약 30m의 높이에서 세차
게 떨어지는 폭포의 거센 물소리가 용이
승천하는 모습과 울음소리 같다 하여 지
어진 이름이다. 전설에 의하면 하늘의 규율
을 어긴 백룡을 벌주고자 이곳에 살게 했는데,
계속해서 남자로 변해 여자에게 나쁜 짓을 일삼아 옥황상제가
부하를 보내 용을 베어 떨어뜨려 폭포가 되게 했다고 한다. 폭
포를 바라볼 수 있는 다리에는 사랑이 풀리지 않기를 기원하
는 하트 자물쇠가 달려 있다.

위치 팔수하 광장에서 등산로를 따라 약 30분

🎯 기반석 유람구 棋盘石游览区 [치판스 여우란취]

기암괴석으로 덮인 라오산과 그 앞에 펼쳐지는 넓은 바다의 풍경을 감상할 수 있는 곳이다. 태청 유람구나 앙구 유람구처럼 케이블카가 설치되어 있지 않지만, 짧은 등산 시간으로 라오산의 진풍경을 볼 수 있는 것이 매력적이다. 매표소를 지나면 거대한 관음상이 나오는 관음 광장부터 돌계단으로 잘 정비된 등산로를 따라 오르게 된다. 불교와 관련된 천연 동굴인 나라연굴, 라오산에서 가장 주요한 불교 사원인 화엄사가 있다. 도교 신앙의 중심지인 라오산에서 불교 문화를 느낄 수 있다는 것도 기반석 유람구의 특징이다.

위치 태청궁에서 셔틀버스를 이용하여 약 40분, 앙구에서 셔틀버스 이용 약 10분 **등산 소요 시간** 관음 광장(매표소) – 화엄사 – 나라연굴(왕복 2시간 이내)

🔲 화엄문 华藏门 [화짱먼]

관음상을 지나 본격적인 등산로에 들어가기 전에 있는 화엄문은 '화장세계문'이라고도 불리는데, 불가의 대천세계에 들어가려면 반드시 화엄문을 통과해야 한다. 때문에 화엄문에는 부처, 보살, 비천과 금강역사 등이 조각되어 있다. 문의 꼭대기에 있는 거대한 연꽃은 꽃잎이 여덟 방향으로 펼쳐져 있고, 매 꽃잎 위에는 제각각 다른 모습의 불상이 조각되어 있다. 문 중간에는 열 개의 보살이 있는데, 숫자 10을 숭상하는 화엄종에서 이는 원만함을 나타낸다. 문 아래쪽 가운데는 불교의 시조 석가모니가 있고, 왼쪽에는 문수보살, 오른쪽에는 보현보살이 있는데, 이 셋을 합쳐 '화엄 삼성'이라 한다.

위치 기반석 코스 입구에서 도보 2분

🔲 화엄사 华严寺 [화옌쓰]

1652년에 창건한 화엄사는 라오산 최대 규모의 불교 사원이지만, 관광객의 출입을 금하는 곳도 많아 여행자가 느끼기에는 아담한 규모로 느껴진다. 본래 화엄암, 화엄선원으로 불리던 곳이 1931년 '화엄사'로 개명했고, 칭다오에 일본군이 침략했을 당시 국민당은 화엄사에 칭다오시 임시 시정부를 세우기도 했다. 문화 대혁명 기간에 심하게 훼손되기도 했지만 본당의 화려하고 고귀한 모습은 불교의 품격을 보여 주고, 연꽃이 간직한 기품과 화엄의 대천세계를 잘 구현하고 있다.

위치 기반석 코스 입구에서 도보 약 20분

🔲 나라연굴 那羅延窟 [나뤄옌쿠]

나라연굴은 기반석 코스 북쪽 골짜기에 위치해 있는 자연적으로 만들어진 화강암 석굴이다. 옆면은 마치 돌을 인위적으로 깎은 듯 매끈하게 되어 있고, 위쪽으로는 구멍이 있어 햇빛이 들어와 동굴을 환하게 비춘다. 화엄사 창건 전, 명나라의 4대 명승 중 한 명인 '감산덕천憨山德淸'이 라오산에 처음 거처를 마련한 곳으로 알려져 있다. 화엄사를 지나 나라연굴로 가는 등산로는 비교적 편안하고, 아름다운 라오산과 바다의 풍경을 감상할 수 있다.

위치 기반석 코스 입구에서 도보 약 40분, 화엄사에서 도보 약 20분

🖼 앙구 유람구 仰口游览区 [양코우 여우란취]

라오산의 북동쪽에 위치해 있는 앙구 유람구는 푸른
바다와 기이한 모습의 산봉우리를 함께 볼 수 있는 곳
이다. 높고 가파른 산봉우리가 있는 숲속에는 해상 궁
전이라 불리는 태평궁이 있으며, 바위 사이에는 기이
한 동굴과 동물의 모습을 한 바위 등의 괴석들이 숨어
있다. 바다 위로 떠오르는 일출을 보기에도 좋은 장소
로 꼽히며, 해안의 백사장은 넓고 평탄하고 모래가 고
와 여름철 해수욕을 즐기는 인파로 붐비기도 한다. 유

람구 내에 로프웨이(앙구 삭도仰口索道)가 있어 편하게 오를 수 있으며 정상인 천원天苑까지는 좁은 바위틈
과 어두운 동굴 등의 재미있는 코스를 지난다.

위치 태청궁에서 셔틀버스 이용 약 50분 **등산 소요 시간** 로프웨이 편도 이용 시 약 2~3시간 / 로프웨이를 이용하지 않을
경우 약 4~5시간 소요

📷 앙구 삭도(로프웨이) 仰口索道 [양코우 쒜따오]

1993년에 설치된 후 중국 최초로
안전 인증을 받은 로프웨이로
총 길이는 1km에 이른다. 매
표소 옆에 있는 로프웨이 역은
독일 교회 건물의 형태로 만들
어 기념사진을 찍기도 좋다. 로
프웨이를 타고 오르면 바로 아래 등
산로가 보이고, 정상에 가까워질수록 라오산의 기암
괴석들이 손에 닿을 듯 가까이 보인다. 로프웨이에서
내려 약 30~40분 정도 등산하면 멱천동覔天洞을 지나 정상인 천원天苑에 도착할 수 있다. 로프웨이 역은 매
표소 옆의 지상 역, 중간 역, 산 정상 역 세 개가 있는데 현재 중간 역에서는 타고 내릴 수 없다. 티켓을 구입할
때 왕복 티켓을 구입하면 멱천동과 정상인 천원만 볼 수 있으니, 다른 곳까지 방문할 예정이라면 올라가는 편
도만 구입하자.

위치 매표소에서 좌측으로 도보 1분 **시간** 09:00~16:30 **요금** 편도 35元, 왕복 60元

📷 멱천동 觅天洞 [미티엔뚱]

앙구 코스의 최정상인 천원에 오르기 전에 있는
동굴로, 동굴 입구에서 머리에 장착하는 라이트
를 판매하거나 대여해 주기도 한다. 두 개의 가
파른 절벽 사이의 좁은 틈에 바위가 쌓여 지금의
모습을 이루게 되었는데, 인위적인 동굴로 보
이기도 하지만 일부 안전시설을 제외하면 자연적으로 생긴 곳이다.
동굴의 높이는 약 100m 정도이며, 이곳을 지나기 위해서는 5~10분
동안 깜깜하고, 좁은 동굴을 기어가듯 지나야 한다. 라오산의 대부분
코스가 평탄하기 때문에 약간의 굽이 있는 신발도 신고 오를 수는 있
지만, 멱천동만큼은 오르기 힘든 구간이니 참고하자. 멱천동은 올리
갈 수만 있으며 내려갈 때는 다른 길로 간다.

위치 앙구 삭도 정상 역에서 등산 코스를 따라 약 5~10분 소요 / 멱천동을 지
나면 정상까지 약 10~15분 소요

📷 천원 天苑 [티엔위안]

좁고 어두운 멱천동을 지나고 좁은 바위틈을 몇 번
지나야 앙구 코스의 정상에 오를 수 있다. 멱천동에
서 정상 직전까지는 오르기만 할 수 있으며, 정상 직
전의 갈림길에서 오른쪽으로 가면 내려가는 코스이
니 주의해야 한다. 정상은 하늘의 동산이라는 뜻으
로 한글로 '천원', 영어로 'Sky Garden'이라는 이
정표가 있으니 참고하자. 정상에 오르면 산과 바다
를 즐기는 앙구 코스의 진면목을 느낄 수 있다.

위치 앙구 삭도 정상 역에서 등산 코스를 따라 약 30~40
분(일부 코스 진행 방향 주의)

📷 태평궁 太平宮 [타이핑꿍]

송나라 건륭 원년인 960년에 지
어진 도교 사원으로 라오산의
중턱에 자리 잡은 작은 규모
의 궁이지만 천 년이 넘는 역
사를 간직하고 있다. 태평궁
의 이름을 통해 천 년의 흥망
을 되돌아볼 수 있는데, 잔잔한 아

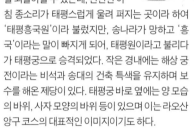

침 종소리가 태평스럽게 울려 퍼지는 곳이라 하여
'태평흥국원'이라 불렀지만, 송나라가 망하고 '흥
국'이라는 말이 빠지게 되어, 태평원이라고 불리다
가 태평궁으로 승격되었다. 작은 경내에는 해상 궁
전이라는 비석과 송대의 건축 특색을 유지하며 보
수를 해온 제당이 있다. 태평궁 바로 옆에는 양 모습
의 바위, 사자 모양의 바위 등이 있으며 이는 라오산
앙구 코스의 대표적인 이미지이기도 하다.

위치 앙구 유람구 매표소에서 등산길로 약 1시간 30분

📷 거봉 유람구 巨峰游览区 [쥐펑 여우란취]

라오산의 최정상인 거봉을 중심으로 하는 거봉 유람구는 라오산 여객 복무 중심에서 시작되는 거봉 코스 그 자체이기도 하다. 셔틀버스를 이용해 도착하는 천지순화에서 거봉 정상까지 약 4시간 정도의 등산 코스가 조성되어 있다. 거봉 삭도(케이블카)를 이용하면 등산 시간을 1시간 정도 단축할 수 있다. 케이블카에서 내려 조금만 올라가 이문理門을 지나면, 정상 주변을 한 바퀴 도는 코스가 나온다. 어느 방향으로 돌아도 크게 상관이 없고, 시간이 없어 정상까지 못 간다면 이문에서 반시계 방향으로 이동하면 거봉 코스의 대표적 풍경인 선천교를 볼 수 있어, 이곳까지만 보고 내려오는 방법도 있다.

위치 라오산 여객 복무 중심에서 셔틀버스를 이용하여 약 20분 **등산 소요 시간** 4시간~5시간

📷 신귀부도 神龟负图 [성꾸이푸투]

라오산 여객 복무 중심에서 셔틀버스를 타고 가는 길부터 라오산의 아름다운 자연 풍경, 역사와 문화가 시작된다. 거대한 거북이 모양의 조각은 중국 상고 시대의 신화에 등장하는 거북신을 뜻한다. 중국 고대 문화의 발원지이며, 중국의 고대 수학, 철학이 시작되었다고 하는 기원이 바로 이 거북신이다. 거북신의 조각을 지나면 16세기 청나라 강희년에 지어진 철와전의 옛터가 남아 있고, 10여 개의 돌기둥으로 그 규모를 짐작할 수 있다.

위치 라오산 여객 복무 중심에서 셔틀버스로 이동(총 소요 약 20분)하는 중에 보임

📷 거봉 삭도(케이블카) 巨峰索道 [쥐펑 쒀따오]

라오산 여객 복무 중심에서 거봉 코스 버스를 이용해 거봉 코스의 시작인 천지순화에 도착하면 왼쪽으로 케이블카가 보인다. 등산로를 따라 가면 1시간 정도 소요되지만, 케이블카를 이용하면 거리 1,768m, 해발 385m를 10분 남짓이면 편하게 오를 수 있다. 프랑스의 최신형 케이블카를 이용해 안정성과 편의성을 두루 갖추고 있으며, 이동하면서 거봉 유람구의 아름다운 풍경을 감상할 수 있다.

위치 라오산 여객 복무 중심에서 셔틀버스 이용 약 20분 **요금** 편도 40元

📷 자연비 自然碑 [쯔란뻬이]

라오산의 정상에 오르기 직전에 보이는 거대한 암석이다. 높이 40m, 폭 10m로 남쪽에서 북쪽을 향해 보면 마치 하나의 거대한 돌 비석처럼 보여서 자연이 만든 비석이라 불린다. 정면에서 보면 왼쪽 윗부분의 바위가 튀어나와 원숭이처럼 보이기도 한다. 자연비에 내려오는 전설도 유명한데, 아주 오래전 산에 호랑이가 많아 사람들이 살기 어려워하자 신선이 내려와 나무 기둥을 세우고 호랑이의 왕에게 기둥을 넘지 말라고 했다. 하지만 나무가 금방 썩어 없어지자 호랑이가 다시 사람들을 괴롭히기 시작했고, 이에 화가 난 신선이 거대한 암석으로 호랑이들을 가두었다고 한다.

위치 천지순환(셔틀버스 하차장)에서 도보 약 5분

📷 영기봉 콧旗峰 [링치펑]

본래 명칭은 선대봉仙台峰이었지만 산봉우리를 멀리서 보면 산세가 깎여 있고, 봉우리가 가늘고 얇아 바람에 펄럭이는 깃발과 같다고 해서 영기봉이라 이름이 바뀌게 되었다. 섬과 해안, 바다의 풍경이 아름다운 곳으로 라오산의 정상인 거봉 다음으로 높다. 영기봉의 봉우리 사이를 연결하는 선천교와 바다를 바라보며 세워져 있는 정자는 사진을 찍기 좋은 장소이다.

위치 천지순환(셔틀버스 하차장)에서 도보 약 20분

📷 거봉 巨峰 [쥐펑]

라오산의 정상인 거봉은 라오산의 주봉으로 노정
이라 불리기도 한다. 해발 약 1,132m의 거봉은
32,000km에 이르는 중국의 긴 해안 선상에서 가장
높은 곳이다. 라오산의 기암괴석의 풍경과 바다의 풍
경이 어우러져 절경을 이루고 있다. 정상의 남측에는
청대의 석각인 '동해기관东海奇观'이 새겨져 있다. 이
것은 양득지장군이 부대를 시찰하던 중 작성한 장두
시로(登望黄海, 巨志成城, 峰注云霄, 顶灭来敌), 문장의
여기저기에 나라를 지키는 명장의 호방한 감정과 원
대한 포부가 나타난다.

위치 천지순화(셔틀버스 하차장)에서 도보 약 1시간 30분

Tip 등산로의 먹을거리

우리나라와 마찬가지로 중국의 산에서도 등산로 곳곳에서 간이 매
점을 볼 수 있다. 심지어는 도저히 사람이 있을 수 없을 것 같은 곳
에도 음료수를 파는 사람이 있다. 이렇게 많은 먹을거리를 들고 어
떻게 왔을까 궁금하기도 하다. 간단한 요깃거리로 허기진 배를
달래고, 등산하며 땀으로 흘린 수분을 보충해 보자.

① 오이와 토마토

수분이 많아 우리나라 등산객들도 즐
겨 준비하는 오이黄瓜[황꽈]와 토마
토西红柿[씨훙시]를 파는 곳이 가장
많다. 산 밑에서 파는 금액보다 훨
씬 비싸지만 보통 2~5元 정도면 살 수 있
다. 라오산 앙구 코스 기준으로는 먹천동을 지나서 정상에 가
기 직전에도 있고, 내려가는 길에도 몇 곳이 있다.

② 라오산 녹차

녹차로 유명한 라오산
답게 산속에서 녹차를 마
실 수도 있다. 차를 마시
는 문화를 중요시하는 중
국이라 산속이라고 대충
종이컵에 녹차를 판매하는 것이 아니라
다구茶具를 갖추고 있는 곳도 있다. 보
통 15~30元 정도이다.

③ 컵라면과 과자, 맥주

조금 큰 규모의 매점이라면 에너지 드링크를 비롯해 다양한 음료와 맥주, 과
자, 컵라면, 소시지, 땅콩 등의 견과류도 갖추고 있다. 중국 음식에 익숙하지
않다면 견과류도 허기를 달래는 데 좋다. 대부분의 컵라면은 향이 강하고, 소
시지도 우리나라의 소시지와 식감이 조금 다르다.

④ 녹두묵

얼음 녹두묵冰镇凉粉[삥천 량편]은 시원한 물에 담근 녹두묵에 다양한 향신료
를 뿌려서 먹는다. 묵을 좋아하는 사람이라면 향신료 없이 먹기도 한다. 대부
분 산의 낮은 위치에 있는 매점에서만 팔기 때문에 하산을 하면서 먹기 좋다.
가격은 한 접시당 10~20元 정도이다.

※ 산에 있는 매점에 정가는 없다. 흥정이 어느 정도 가능하지만 장소를 감안한다면 어차피 크
게 비싼 것을 사는 것도 아니니 무리한 흥정은 피하는 것이 좋다.

여행 중 온천을 즐기고 싶다면

지모即墨는 산둥 반도의 대표적인 온천 마을이다. 부모님 또는 아이와 함께 가족 여행을 계획하거나, 여행 중에 피로를 풀고 싶다면 방문을 고려해 보자. 또한 라오산의 앙구 유람구에서 약 20km 정도 떨어져 있어 산행을 마치고 피로를 풀기도 좋다. 단, 지모의 온천은 대부분 입장료가 우리나라의 온천이나 워터파크만큼 비싸다.

🌀 해천만 온천 리조트 海泉湾度假区 [하이취안완 두지아취] Ocean Spring Resort

해천만 리조트는 중국 최대급의 온천 리조트로 2012년 5월에 오픈했다. 리조트의 중심이 되는 그랜드 메트로 파크 호텔의 오픈 초기에는 유럽식 건축 양식과 관광객뿐 아니라 컨벤션과 비지니스 수요까지 감안한 리조트로 홍보를 했다. 숙박과 온천, 식사와 쇼핑 등을 한 번에 해결할 수 있는 다양한 부대 시설이 있어 가족 여행자들이 휴양을 삼아 방문하기 좋다. 칭다오 시내까지 무료 셔틀버스가 있지만, 시내 여행까지는 시간적 제약이 있으니 자유 여행을 한다면 택시 또는 렌터카를 이용하는 것이 좋다.

주소 青岛 即墨鳌山 衛鶴山東路 2号 위치 ❶ 칭다오 시내에서 차로 약 1시간 30분 ❷ 셔틀버스 하루 4편 운행 / 칭다오 시내 출발 09:00, 11:00, 14:00, 16:00, 리조트 출발 12:00, 14:00, 17:00, 19:00) ❸ 라오산 앙구 유람구에서 110, 371, 383, 620, 635번 버스 타고 장가하(张家河) 정류장 하차 후 길 건너에서 617번 버스 환승 (2시간 소요) 전화 0532-8906-8888 가격 1박(2인실) 약 12~15만 원

해양 온천 海洋温泉 [하이양 원취안]

해천만 리조트에 있는 해양 온천은 실내외 풍경이 다른 50여 개의 온천이 모여 있는 시설이다. 남녀 각각의 목욕탕과 공용 찜질 공간 등을 갖추고 있으며, 온천 시설은 수영복을 입고 남녀가 함께 이용하는 워터파크처럼 운영된다. 리조트 숙박객도 외부 방문객과 동일한 요금으로 입장권을 구입해야 하며, 수영복 대여 서비스가 없기 때문에 온천을 방문할 예정이라면 수영복과 모자를 반드시 챙겨야 한다.

요금 성인 198元, 신장 120~150cm 어린이 99元, 신장 120cm 미만 어린이 무료 시간 09:30~23:00

타이산
泰山, 태산

태산수고시역산 등등불이유하난 세인불긍노신력 지도산고불가반
泰山雖高是亦山, 登登不已有何難, 世人不肯勞身力, 只道山高不可攀

태산이 높다 하되 하늘 아래 뫼이로다.
오르고 또 오르면 못 오르리 없건만 사람이 제 아니 오르고 뫼만 높다 하더라.

조선의 문신인 양사언(1517~1584)의 시조 태산가로 우리나라 사람들에게도 친숙한 태산. '티끌 모아 태산', '보릿고개가 태산보다 높다'와 같이 속담에도 등장하는 태산이 바로 칭다오에서 서쪽으로 500km 떨어진 산둥성 내륙에 자리 잡은 타이산이다. 중국의 다섯 명산인 오악 가운데 최고로 꼽히며 오악독존(五岳獨尊), 천하제일산(天下第一山)이라 불리기도 한다. 예로부터 신령한 산으로 여겨져 진나라의 시황제(진시황), 전한 무제, 후한 광무제 등이 중국을 통일하고 천하가 평정되었음을 하늘에 알리기 위해 봉선 의식을 거행한 장소이기도 하다. 불과 몇 년 전만 해도 칭다오에서 타이산에 가기 위해서는 10시간 정도 열차를 탔어야 하지만, 고속 열차가 개통되면서 3시간이면 갈 수 있다. 케이블카와 버스를 이용한다면 당일치기로 다녀올 수 있다.

홈페이지 www.mount-tai.com.cn

📍 **찾아가기**
① 칭다오에서 고속 열차 이용 약 3시간
② 취푸(공묘)에서 고속 열차 이용 약 30분

타이산으로 이동하기

• 타이안 泰安

타이산에 오르기 위해 방문해야 하는 도시는 타이안이다. 칭다오에서 타이안으로 이동은 대부분의 경우 고속 열차를 이용하기 때문에 타이안 역에 도착하며, 제남에서 타이안으로 올 때는 일반 열차를 이용해 타이산 역으로 도착하기도 한다. 칭다오 여행의 가장 큰 목적이 타이산인 경우에는 칭다오 왕복 대신 칭다오 in, 제남 out 의 항공권을 구입하는 것도 좋은 방법이다.

2010년 이후 타이안 시내에 고층 빌딩이 들어서기 시작하면서 4성급 이상의 호텔들이 생기고, 다양한 외국계 프랜차이즈 음식점이 모여 있는 대형 쇼핑몰도 들어섰다. 덕분에 타이산에 오르기 위해 방문하는 여행자들이 보다 편안한 여행을 즐길 수 있게 되었다.

• 타이안 泰安 역

고속 열차는 타이안 역에 정차하며, 일반 열차는 시내에 있는 타이산 역에 정차한다. 일반 열차는 운행편이 많지 않고 소요 시간이 2배 이상 들기 때문에 대부분의 경우는 고속 열차를 이용한다. 계절에 상관없이 인기 노선이기 때문에 수말에는 사전에 예약하지 않은 경우에는 티켓을 구하지 못하는 경우가 많다. 중국의 대표적인 온라인 여행사 씨트립(ctrip) 사이트에서 한글로 확인하면서 예약할 수 있다. 날씨 등을 고려해 현지에 도착해서 예약할 계획이더라도 하루나 이틀 전에는 티켓을 구입하는 것을 추천한다.

고속 열차高铁 G

- 칭다오 역에서 타이안 역까지 3시간~3시간 30분 / 1등석 242元, 2등석 149元
- 제남 서역에서 타이안 역까지 20~25분 / 1등석 44.5元, 2등석 24.5元
- 취푸동(공자의 마을) 역에서 타이안 역까지 20~25분 / 1등석 54.5元, 2등석 29.5元

타이안 역에서 시내로 이동하기

타이안 역에서 타이산 등산 코스인 천외촌까지는 K37번 버스, 전통적인 등산 코스가 시작되는 대묘, 홍문까지는 K17번, K37번 버스를 이용한다. 버스 요금은 2元이며 소요 시간은 도로 상황에 따라 45~60분 정도가 소요된다. 택시를 이용할 경우 약 30분이면 천외촌과 홍문까지 갈 수있으며 요금은 30~40元 정도다. 타이안 역에서 타이안 시내까지 이동

은 K17, 34, 37번 버스를 이용하여 천외촌과 홍문에 도착하기 전에 내리면 된다. 택시를 이용할 경우 15~20분, 요금은 20元 이내이며, 버스는 약 30~40분 소요되며 요금은 2元이다.

• **타이산**泰山 **역** 　고속 열차가 개통된 이후 운행 편수가 감소되었지만, 여전히 타이안으로 가는 중요한 교통수단이다. 일반 열차를 이용할 경우 타이안 역이 아니라 타이산 역으로 도착한다. 타이산 역과 타이안 역의 위치는 다르지만 어느 열차 역을 이용해도 타이산 여행 일정에 큰 영향을 주지는 않는다. 일반 열차의 경우 딱딱한 좌석硬座, 딱딱한 침대硬卧, 푹신한 침대軟卧로 등급이 나뉘어져 있는데, 딱딱한 침대의 요금이 139元으로 고속 열차보다 10元 밖에 저렴하지 않다.

쾌속 열차快速 K
• 칭다오 역에서 타이산 역까지 6시간~6시간 30분 / 딱딱한 좌석 69元, 딱딱한 침대 139元
• 제남 역에서 타이산 역까지 50~60분 / 딱딱한 좌석 12.5元
• 취푸(공묘) 역에서 타이산 역까지 1시간 20분~1시간 30분 / 딱딱한 좌석 18.5元

• **택시** 打车 　타이산을 오르는 여행자들의 대부분이 공자의 마을인 취푸도 함께 여행을 한다. 혼자 여행을 하는 경우라면 부담스러울 수 있지만, 2~3명이 함께 여행을 하면 열차 역까지 이동하는 비용과 기다리는 시간 등을 고려하면 택시를 이용하는 것도 좋은 방법이다. 타이안을 중심으로 제남과 취푸는 각각 약 75km거리에 있다.

• 제남에서 약 1시간 30분 / 200~250元
• 취푸에서 약 1시간 15분 / 200~250元

📷 완다 플라자 万达广场 [완따 꽝창]

타이안 시내에 위치한 복합 쇼핑몰

타이안 시 재개발 계획의 일환으로 건설된 복합 쇼핑몰로 2015년을 전후로 대부분의 상점이 영업을 시작했고, 고급 호텔인 완다 렘름(WANDA REALM)과도 연결되어 있다. 타이산 등산을 시작하는 천외촌, 홍문과 타이안 역의 중간에 위치해 있어 이동하는 중간에 잠시 들르기에도 좋다. 타이안 시내의 유일한 스타벅스 매장을 비롯해 다양한 외식업체들이 입점해 있고, 지하에는 대형 슈퍼마켓이 있다. 현지인들이 쇼핑을 하는 곳이지만, 여행자들이 식사를 하고, 등산하기 전에 간식과 먹을거리를 사기 좋은 곳이다.

수소 泰安市 泰山区 泰山大街 566号 / 566 Tai Shan Da Jie, Taishan Qu, Taian Shi **위치 ❶** 타이안 역에서 18, 34, 38번 버스를 이용, 약 40분 소요(2元) **❷** 천외촌에서 37번 버스를 이용, 약 40분 소요(2元) **❸** 타이안 역, 천외촌에서 택시 이용, 약 15분 소요(15~20元) **전화** 053-8860-8888 **시간** 상점에 따라 다름

🍴 아시앙 미센 阿香米线 [아시앙 미시엔]

우리나라에서 쉽게 찾아볼 수 있는 베트남식 쌀국수와는 다른 느낌의 쌀국수인 미센 전문점이다. 진한 육수를 기본으로 다양한 토핑을 더할 수 있는데, 뚝배기로 나오기 때문에 우리나라의 얼큰한 찌개가 생각나기도 한다. 중국 스타일의 쌀국수이지만 우리나라의 매운 음식이 그리워졌을 때 먹으면 좋다. 면은 무제한으로 제공되며 음식은 선불 계산이다.

위치 완다 플라자 3층 **전화** 053-8755-5862 **시간** 10:00~20:00

📷 대묘 岱庙 [따이먀오]

황제가 타이산의 신에게 제사를 올리던 장소

중국의 고대 제왕들이 타이산에 오르기 전 제사를 지내던 곳이다. 타이산을 태악太岳, 동악東岳이라 부르는 것과 마찬가지로 대묘를 태묘太庙, 동악묘東岳庙라 부르기도 한다. 중국 최초의 황제인 진시황이 대묘에서 제사를 지내고 타이산을 오르면서부터 많은 통치자들이 이를 따라 하고자 했지만, 모두가 할 수 있었던 것은 아니었다. 대묘에서 제사를 지내고 타이산을 오른다는 것만으로도 당시 왕의 권위를 짐작할 수 있을 만큼 역사, 문화적으로 큰 의미를 갖는다. 화려한 본당 건물인 천황전天贶殿은 중국의 3대 궁전 건축으로 꼽히며, 사당으로서는 중국에서 가장 큰 규모이다. 지금의 건축물은 725년 당나라 시대에 지어지기 시작해 1009년 송나라 시대에 크게 확장되었고, 모든 왕조에 걸쳐 관리되며 지금에 이르게 되었다. 도보로 등산하는 홍문 코스와 일직선으로 되어 있어 이곳부터 등산을 시작하는 사람들도 많다.

주소 山東省 泰安市 泰山区 東岳大道 **위치 ❶** 버스 4, 6, 15, 24, K33, 36, 39, K45번을 이용하여 대묘(岱庙) 정류장에서 하차 후 도보 7분 **❷** 타이산 역에서 택시로 약 15분(25~30元) **시간** 3~11월 08:00~18:00 / 12~2월 08:00~17:00 **요금** 30元

📷 천황전 天贶殿 [티엔쿠안띠엔]

하늘의 은혜를 의미하는 천황이라는 이름답게 타이산의 신인 태산대제泰山大帝를 모시고 있는 대묘의 본전 건물이다. 베이징 자금성의 태화전太和殿, 취푸 공묘의 대성전大成殿과 함께 중국의 고대 3대 궁전으로 불린다. 본전 내부에는 높이 4.4m의 거대한 타이산의 신상이 모셔져 있으며, 3면을 채우고 있는 폭 62m, 높이 3.3m의 그림은 타이산의 신이 사냥을 나갔다가 돌아오는 여정을 표현하고 있다. 이 그림은 1960년대부터 20여 년에 걸쳐 복원했는데 1000여 년 전 송나라 당시의 풍습을 연구하는 데 큰 가치를 갖고 있다.

📷 동어좌 东御座 [똥위쭤]

대묘를 방문한 황제의 휴식 장소로 이용되던 곳으로 지금은 타이산, 대묘의 중요한 문화재를 전시하는 공간으로 이용되고 있다. 화려한 비단으로 한껏 멋을 부린 고급스러운 목조 가구와 대리석 장식으로 되어 있다. 침향사자沉香狮子라 불리는 향나무로 조각된 두 마리의 사자, 위는 차갑고 아래는 따뜻한 온냉옥규温凉玉圭, 황색과 청색이 조화를 이루고 있는 관제품인 황유청화표단병黄釉青花瓢单瓶은 타이산의 진산삼보镇山三宝라 불리며 이곳의 가장 큰 볼거리이다.

📷 중화 태산 봉선 대전 中华泰山封禅大典 [쫑화 타이산 펑찬 따띠엔]

타이산의 문화를 전하는 화려한 공연

고대 황제들이 하늘에 제사를 지내는 봉선 의식을 재현한 공연으로 타이산의 문화를 전하고 있다. 148개의 계단이 설치된 거대한 무대와 500명의 배우 그리고 5,000벌의 의상, LED패널과 레이저 쇼로 그 화려함을 장식한다. 약 80분의 공연은 시대별로 구분되어 총 7부문으로 구성된다. 타이산은 중국에서도 손꼽히는 복을 기원하는 장소로 공연의 마지막도 관람객들을 위해 타이신의 신에게 복을 기원하며 마무리된다. 타이안 시내 중심에서 조금 떨어진 곳에 공연장이 있는데, 공연장의 위치가 진시황이 타이산을 올랐던 진어도 코스의 출발점이다.

주소 山東省 泰安市 泰山区 東岳大道 **위치 ❶** 시내에서 19번 버스를 이용하여 천촉봉경구(天烛峰景区)에서 하차, 약 1시간 소요 **❷** 타이안 시내에서 택시 이용, 약 40분 소요(50~60元) **전화** 053-8588-2088 **시간** 시기에 따라 다름 / 1회 공연 19:30, 2회 공연 18:40, 20:40 **요금** 188元, 238元, 298元, 498元, 999元, 6999元 (좌석 위치에 따라 상이)

타이산 등산 코스

타이산을 등산하는 코스는 네 가지 코스가 있는데, 가장 인기 있는 코스는 천외촌 코스와 홍문 코스이다. 천외촌 코스는 버스를 이용해 중천문까지 이동하여 홍문 코스와 이어진다. 가장 많은 사람들이 찾는 홍문 코스는 도보로 올라가는 코스이며 천외촌 코스와 합류하는 지점에서 케이블카를 이용해 정상까지 오를 수도 있다. 진시황이 타이산을 올랐던 코스인 진어도 코스, 가파른 계곡을 케이블카와 버스를 이용해 오르는 도화욕 코스도 있다.

1 천외촌 코스

홍문 코스와 함께 타이산을 오르는 가장 기본적인 코스이다. 도보로 오르는 홍문 코스와는 달리 버스를 이용하기 때문에 걷는 것을 최소화하면서 타이산에 오를 수 있다. 천외촌 코스는 중천문 버스 정류장에서 중천문까지 약 10분 정도 오르는 계단 구간이 가장 힘든 부분이다. 중천문부터는 도보 등산 코스인 홍문 코스와 만나게 되는데 이곳에서 케이블카를 이용하면 5층 건물 계단 정도의 거리만 오르면 타이산의 정상까지 갈 수 있다. 짧은 시간에 타이산을 오를 예정이거나, 홍문 코스로 등산하다 힘들다고 생각되거나 문제가 생기면 천외촌 코스로 가는 버스와 케이블카를 적절히 이용하자. 타이산 입장료와 셔틀버스 요금은 천지 광장에서 구입하고, 케이블카는 중천문 케이블카 역에서 구입한다.

위치 ❶ K3, 19, K37, K39번 버스를 이용하여 천외촌(天外村) 정류장에서 하차 후 도보 약 3분 **❷** 타이안 시내 중심(타이산 역 인근)에서 택시 이용, 약 10분 소요(15~20元) **❸** 홍문 코스 입구에서 2.1km, 도보 약 30분 / 택시 이용 약 4분 (10元) **요금** 115元 **천외촌~중천문 셔틀버스 요금** 편도 30元 / 약 45분 소요 **셔틀버스 시간** 4~10월 06:00~21:00, 11~3월 07:00~19:00

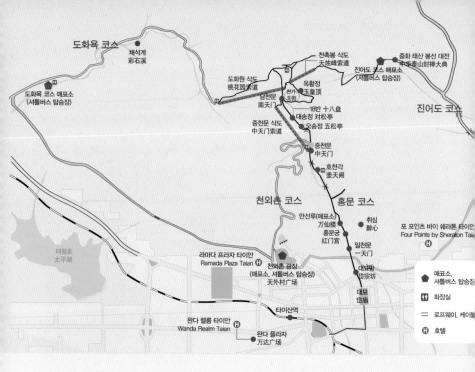

도화욕 코스

채석계
彩石溪

도화욕 코스 매표소
(셔틀버스 탑승장)

천촉봉 식도
天烛峰索道

중화 태산 봉선 대전
中华泰山封禅大典

진어도 코스 매표소
(셔틀버스 탑승장)

도화원 식도
桃花园索道

옥황정
玉皇顶

진어도 코스

천가 天街
남천문
南天门

18반 十八盘

대송정 对松亭

중천문 식도
中天门索道

오송정 五松亭

중천문
中天门

호천각
壶天阁

태평호
太平湖

천외촌 코스

홍문 코스

만선루(매표소)
万仙楼

취심
醉心

포 포인츠 바이 쉐라톤 타이안
Four Points by Sheraton Tai

홍문궁
红门宫

일천문
一天门

라마다 프라자 타이안
Ramada Plaza Taian

천외촌 광장
(매표소, 셔틀버스 탑승장)
天外村广场

대종방
岱宗坊

대묘
岱庙

완다 렐름 타이안
Wanda Realm Taian

타이산역

완다 플라자
万达广场

매표소,
셔틀버스 탑승장

화장실

로프웨이, 케이

호텔

🔷 천외촌 광장 天外村广场 [티엔와이춘 꽝창]

천외촌 코스가 시작되는 곳으로 봉선 의식을 상징하는 기둥과 비석이 가득한 넓은 광장이다. 산을 오르기 전에 타이산의 풍경과 함께 기념사진을 찍기 좋은 곳이지만 이른 아침부터 언제나 사람이 많다. 광장의 끝으로 가면 타이산 입장료와 셔틀버스 티켓을 파는 매표소가 있는데, 매표소로 들어가지 않고 계단을 오르면 작은 연못을 배경으로 타이산 사진과 기념사진을 찍기 좋은 곳이 나온다.

🔷 중천문 中天门 [쫑티엔먼]

천외촌 코스에서 출발한 셔틀버스를 이용하는 사람들과 홍문 코스에서부터 걸어서 산을 오른 사람들이 만나는 곳이다. 셔틀버스를 이용해 중천문에 도착한 경우, 남천문 상점가가 있는 곳까지 계단을 오른 후 주차장이 보이는 곳에서 산을 걸어서 내려가는 방향으로 200m 이동해야 남천문을 볼 수 있다. 남천문 상점가에는 기념품과 음료수를 파는 상점부터 간단한 식사를 할 수 있는 식당, 새벽에 등반을 하는 사람들이 숙박할 수 있는 호텔도 있다. 홍문 코스, 천외촌 코스에서 산을 오르내리는 사람들은 이곳에서 도보 혹은 케이블카를 이용할 수 있다.

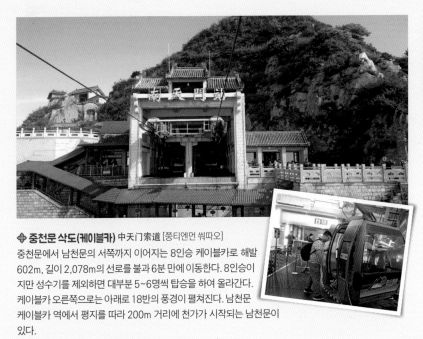

🔱 중천문 삭도(케이블카) 中天门索道 [쭝티엔먼 쒀따오]

중천문에서 남천문의 서쪽까지 이어지는 8인승 케이블카로 해발
602m, 길이 2,078m의 선로를 불과 6분 만에 이동한다. 8인승이
지만 성수기를 제외하면 대부분 5~6명씩 탑승을 하여 올라간다.
케이블카 오른쪽으로는 아래로 18반의 풍경이 펼쳐진다. 남천문
케이블카 역에서 평지를 따라 200m 거리에 천가가 시작되는 남천문이
있다.

시간 4~10월 (주중) 06:30~17:30, (주말) 06:00~17:30 / 11~3월 08:00~17:00 **요금** 편도 100元

🔱 남천문 南天门 [난티엔먼]

타이산 등산 코스 중에 가장 힘든 18반 계단의 끝에 있는 남천문을 오
래전에는 천문관天門關이라 부르기도 했다. 18반 계단 끝으로 하늘로
통하는 문이 열린 듯이 보이며, 남천문을 기념으로 사진을 찍으려면
급경사의 계단에서 찍어야 하기 때문에 남천문의 기념사진은 자연스
레 키가 커 보인다. 남천문을 지나 타이산의 정상인 옥황정까지 다시
계단을 올라야 하지만, 힘든 18반 구간을 지나고 나면 이미 정상에
오른 것과 다름없는 기분이다.

◈ 천가 天街 [티엔찌에]

남천문을 지나 계단을 몇 개만 더 오르면 타이산 정상에 펼쳐진 거리, 천가가 나온다. 서쪽의 남천문에서 동쪽의 벽하사까지 약 600m의 거리의 한쪽으로는 타이산의 아름다운 산세가 펼쳐지고 반대쪽에는 기념품과 타이산의 특산품, 제기 용구 등을 판매하는 상점과 타이산의 명물인 타이산 비빔국수泰山拌面 등을 파는 음식점이 있다. 천가를 상징하는 패방牌坊(중국 전통 문)은 1986년에 재건된 것으로 기념사진을 찍으려는 사람으로 언제나 붐빈다.

◈ 벽하사 碧霞祠 [삐샤츠]

천가의 동쪽 끝에 자리하고 있는 벽하사는 타이산의 여신인 벽하원군碧霞元君을 모시고 있다. 1009년에 세워진 이후 크게 훼손된 적이 없어서 당시 건축상을 간직하고 있으며, 등산로를 중심으로 두 개의 사원으로 나누어져 있는데, 등산로를 중심으로 좌우대칭을 이루고 있다. 남쪽에서 북쪽으로 점차 높아지는 치밀한 설계는 고대 중국의 고산 건축의 높은 수준을 알게 해준다. 여신을 모시고 있는 곳이라 여성과 아이들을 위해 기도하는 모습을 쉽게 볼 수 있다.

◈ 일관봉 日观峰 [리꽌펑]

등산을 하다 보면 많은 사람들이 정상이라고 생각하는 곳이다. 타이산의 정상은 옥황정이지만 사원이기 때문에 풍경을 감상하기 좋은 장소는 아니다. 정상인 옥황정 대신에 일관봉에서 보는 풍경이 더 좋다. 일출을 보기 위해 등산을 했다면 대부분 일관봉에서 해가 뜨기를 기다린다. 일관봉 바로 옆에 있는 대관봉에 있는 사신암捨身崖은 오래전 소원을 빌며 절벽을 뛰어내리던 곳이라 붙여진 이름인데, 명나라 때 한 지방 장관이 구습을 두절하기 위해 몸을 아끼는 바위라는 뜻의 애신암愛身崖으로 이름을 바꾸기도 했다.

🔷 당마애 唐摩崖 [탕모야]

타이산에는 2,000개 이
상의 각석과 석비가 있
는데, '중국의 각석 뮤
지엄'이라 불릴 정도
다. 진시황 시대로 거
슬러 올라가는 오랜
역사와 타이산이라는 그 의미 하나로 많은 문인이 남긴
다양한 서체의 비석을 볼 수 있다. 수많은 각석 중 가장
유명한 것은 당나라 현종 황제의 비문 '기태산명紀泰山銘'으로
당마애의 오른쪽에 노란색 글씨로 쓰여 있다. 서기 726년에 새겨진 것으로 알려져 있으
며 높이 13.2m, 폭 5.7m, 합계 1,008개의 당나라 예서체로 새겨진 글자는 봉선 의식의 유래와 함께 타이산
을 찬양하고, 당나라의 흥망을 기원하고 있다.

> **Tip** 당나라 현종의 당마애만큼 유명한 각석으로는 '오악독존'과 '천
> 하제일산'이 있다. 오악독존은 옥황정에 오르기 직전 오른쪽에 있으며
> 높이 4.95m의 거대한 암석에 새겨져 있다. 양쪽으로는 오악독존의 유
> 래를 설명하고 있다. 오악독존은 타이안 역에도 상징적인 의미로 쓰이
> 고 있다.
> 천하제일산은 옥황봉에서 북천문으로 가는 길에 있다. 관광객이 많이
> 가는 코스가 아니기 때문에 기념사진을 찍기는 오악독존보다 좋다. 천촉봉 코스로 타이산을 오른다면 옥
> 황정과 천가로 가기 전에 이 바위를 볼 수 있다.

🔷 옥황정 玉皇頂 [위황띵]

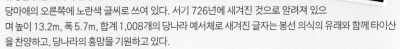

태청궁, 옥제관이라 불리기도 하는 옥황정은 타이산의 정상 1,545m에 있는
사원이다. 옥황대제의 불상이 모셔져 있으며, 고대 제왕들이 이곳에 올라 하늘
에 천하를 평정하고 안정된 것을 알렸다고 한다. 경내에는 평안과 복을 기원하
며 자물쇠를 달아 두고 있는데 자물쇠는 크기에 따라 50~100元으로 구입할
수 있다. 또한 재물을 기원하는 사람을 위해 행운의 동전을 던지는 곳도 있다.

2 홍문 코스

대묘에서 일직선으로 이어지는 홍문 코스는 가파른 6,500여 개의 계단을 이용해 타이산 정상에 오르는 코스이다. '계단에 머리를 부딪히고, 이마를 18번이나 찧는다'는 가파른 코스이지만 수려한 경관을 자랑하며 옛 황제들과 공자가 타이산을 오를 때 이용했다는 역사적인 의미가 있어 많은 사람들이 즐겨 찾고 있다. 버스를 이용하는 천외촌 코스와 산 중턱의 남천문에서 만나기 때문에 서로 다른 코스라고 보기보다는, 상호 보완적인 코스라고 생각하면 된다. 일천문에서 본격적으로 시작되는 등산은 남천문까지 비교적 완만하지만 남천문 이후로는 폭이 좁고 가파른 계단이 이어진다.

위치 ❶ 3, 45, K49번 버스를 이용하여 홍문(红门) 정류장에서 하차 ❷ 타이안 시내 중심(타이산 역 인근)에서 택시 이용, 약 10분 소요(15~20元)
요금 115元

◈ 일천문 一天门 [이티엔먼]

타이산 등산을 시작하면서 처음 만나는 산문이다. 일천문의 뒤쪽으로는 공자등림처孔子登临处 패방이 있는데 이는 공자가 타이산을 오른 것을 기리기 위해 1500년대에 지어진 것이며 '제일산'이라는 각석이 눈에 띈다. 일천문의 앞쪽에 작은 규모라 지나치기 쉽지만 삼국시대 촉한의 명장 관우를 모시고 있는 사당이 있으며, 타이산과 관련된 기념품, 지팡이, 비옷, 간식 등을 파는 상점들이 모여 있다.

◈ 홍문궁 红门宫 [홍먼먼]

등산로에 있던 '붉은 바위가 문처럼 생겼다'하여 홍문이라 불리던 곳에 지어진 암자로 창건 연대는 알 수 없다. 1626년 등산로를 중심으로 동쪽의 사원과 서쪽의 사원을 나누고 그 사이에 비운각이라는 문 위의 누각을 세웠다. 동쪽의 사원은 부처님을 모시고, 서쪽에는 타이산의 여신인 벽하원군을 모시며, 기이한 모습을 한 바다의 신을 모시고 있는 사당도 있다.

✤ 취심 醉心 [쭈이신]

홍문궁에서 매표소인 만선루로 가는 길 오른쪽에 계곡으로 빠지는 길이 있다. 계곡에는 롤케이크처럼 생긴 특이한 모양의 바위들이 있는데, 이는 세계적으로도 찾아보기 힘든 바위이다. 이 중에서 가장 유명한 것은 한대의 문학자가 타이산에 반해 마음이 취했다며 취심醉心이라 각석한 것으로, 계곡 위에 있어 잠시 쉬어 가기에도 좋다.

> **Tip** 홍문 코스의 매표소는 홍문궁을 지나 약 500m 더 떨어진 곳에 있다. 이곳에서부터 입장권을 내고 중천문을 지나 정상까지 오를 수 있다. 중천문까지 등반 후 컨디션에 따라 계속해서 등반을 할 수도 있고, 케이블카를 이용할 수도 있다. 홍문 코스로 입장하고 다른 코스로 내려가도 상관없다.

✤ 18반 十八盘 [스빠판]

단순히 거리로만 보면 1km가 채 안되지만 무려 1,600여 개의 계단으로 이루어진 급경사 구간이다. 타이산 등산로 중 가장 힘든 구간으로, 계단의 폭이 성인 남자의 신발 사이즈보다 작기 때문에 넘어지지 않기 위해 옆으로 걸어 올라가기도 한다. 절벽 사이에 억지로 구겨 넣은 듯한 계단은 18번 구비를 치고 있어 18반이라 부른다. 전통적으로는 용문방에서 승선방까지의 구간을 18반이라 하지만, 최근에는 대송정부터 남천문까지를 18반으로 부른다.

🚩 도화욕 코스

타이산 서부에서 시작하는 도화욕 코스는 오래전에 복숭아 꽃이 많이 피는 곳(도화원)이라 한 데서 유래되었
다. 등산로 입구인 도화욕 여행자 센터에서 도화원까지는 계곡을 따라 완만한 산책로와 도로가 이어지며, 도
화원부터는 케이블카를 이용해 타이산의 정상으로 오른다. 정상에서 케이블카를 이용해서 도화욕 여행자
센터로 내려올 경우 등산로 입구에 대중교통이 많지 않기 때문에 택시를 이용해야 하는데, 택시도 많은 편은
아니라 입구에서 호객 행위를 하며 기다리는 불법 영업 택시를 이용해야 할 수도 있다. 도화원에서 케이블카
를 탑승할 때 타이산 입장료를 지불하며, 계곡만 보는 채석계 입장료는 조금 더 저렴하다.

위치 ❶ 타이안 역에서 16번 버스로 약 45분(2元) **❷** 타이안 시내 중심(타이산 역 인근)에서 택시 이용 약 15분(20~30元,
불법 영업 택시 이용 시 50元 정도) **요금** 115元 **셔틀버스 요금** (도화욕~도화원 케이블카 탑승장) 편도 30元 / 약 45분 소요
셔틀버스 시간 4~10월 06:00~21:00, 11~3월 07:00~19:00

🏞 채석계 彩石溪 [차이스씨]

채석계는 수억 년 전 형성된 자연 암반 형성층으로 암반의 무늬가 색을 칠
한 것 같다고 하여 채석계라 불린다. 시원하게 흐르는 계곡을 옆에 두고 오
르기 때문에 그 어느 코스보다 상쾌하다. 채석계 상부에는 타이산 계곡의
대표적인 어종인 적린어에 대한 자료를 전시하고 있다. 도보로 이동하지
않고 버스로 이동하면서도 채석계의 풍경은 감상할 수 있다.

요금 50元(도보 이용 시 입장료) **시간** 08:00~17:00

◈ 도화원 삭도(케이블카) 桃花园索道 [타오화위안 쒀따오]

도화원에서 천가까지 이어지는 케이블카로 약
2km 구간을 7분만에 이동한다. 급경사의 계곡을
지나기 때문에 남천문 케이블카보다 내려다보는 풍
경이 더 좋다는 평이다. 중천문 케이블카보다 천가
에 가까이에 있고, 인적이 드문 북천문 방향으로도
연결이 되어 조용히 산을 오르기 좋다. 계곡을 따라
도화원까지 산책하듯 이동하고, 케이블카를 이용
해 옥천봉에 오른 후 중천문 방향으로 내려가는 것
도 인기 코스이다.

요금 편도 100元 **시간** 4~10월 08:00~17:00, 11~3월 09:00~16:00

🚩 4 진어도 코스

하늘에 제사를 지내기 위해 진시황이 타이산을 오를 때 이용한 코스이다. 홍문 코스와 마찬가지로 도보 등반 코스로 일부 구간을 제외하면 자연 그대로의 산길을 따라 오르기 때문에 우리나라에서 타이산을 찾는 산악회, 풍경 사진을 찍으려는 사진작가들이 선호하는 코스이다. 등산 코스는 5.4km로 길지 않지만 정비되지 않은 길이 있어 등산 복장을 갖추는 것이 좋다. 코스 마지막 부분에 있는 후석오 케이블카는 이용 구간도 짧고, 이용객이 많지 않다 보니 운행을 하지 않는 경우도 많다.

위치 ❶ 시내에서 19번 버스 이용하여 천촉봉경구(天烛峰景区) 정류장에서 하차, 약 1시간 소요(오후 5시 이후에는 19번 버스 운행 없음) ❷ 타이안 시내에서 택시 이용, 약 40분 소요(50~60元) **요금** 2~11월 128元, 12~1월 103元, 보험 3元 포함 **후석오 삭도 요금** 편도 20元 **후석오 삭도 시간** 4~10월 08:30~16:00 / 11~3월 미운행

✦ 천촉봉 天烛峰 [티엔쭈펑]

기이한 바위의 모습이 하늘을 찌르는 거대한 양초와 같다고 하여 천촉봉이라 불린다. 이와 비슷한 바위가 하나 더 있는데 이를 소천초, 천촉봉을 대천초라 부르기도 한다. 진어도 코스의 대표적인 경관으로 진어도 코스 자체를 천촉봉 코스라 부르기도 한다.

중국의 산둥성 서남쪽에 자리 잡고 있는 취푸는 기원전 551년 사상가이자 교육자인 공자孔子가 태어난 곳이다. 1994년 유네스코 세계 유산으로 취푸의 삼공三孔이 등록되어 있다. 삼공은 공자에게 제사를 지내는 공묘孔廟, 공자의 직계 자손이 살았던 공부孔府, 공자와 공자의 자손들의 가족 묘소인 공림孔林을 함께 부르는 총칭이다. 중국과 우리나라에 오랫동안 막대한 영향을 준 유교 창시자인 공자의 자취를 찾아볼 수 있으며, 유네스코 세계 유산으로 지정된 곳이기 때문에 많은 여행자가 찾고 있다. 시내 중심을 둘러싸고 있는 성곽 안에 있는 공묘와 공부, 그리고 시내 북쪽에 자리 잡은 공림을 빨리 본다면 반나절로도 가능하기 때문에 칭다오에서 이동 시간을 고려해 당일치기 일정으로도 충분히 가능하며, 1박 2일 일정으로 타이산과 함께 보는 것도 좋다.

📍 **찾아가기**
❶ 칭다오에서 고속 열차 이용 약 3시간
❷ 취푸(공묘)에서 고속 열차 이용 약 30분

취푸로 이동하기

• 취푸동曲阜东 역

칭다오에서 취푸까지는 타이산이 있는 타이안을 지나가게 되는 만큼 취푸와 타이안을 함께 보는 경우가 많다. 취푸와 타이안 모두 고속 열차의 역 이름과 일반 열차의 역 이름이 다르다. 고속 열차 이용 시 취푸동 역으로 도착한다. 일반 열차의 운행 편수가 많지 않고 소요 시간이 2배 이상 들기 때문에 대부분 고속 열차를 이용한다. 계절 상관없이 인기 있는 노선이기 때문에 주말에는 사전 예약하지 않은 경우는 티켓을 구하지 못하는 경우가 많다. 중국의 대표적인 온라인 여행사 씨트립(ctrip) 사이트에서 한글로 확인하면서 예약할 수 있다. 날씨 등을 고려해 사전에 예약을 하지 않고, 현지 도착해서 예약을 할 계획이어도 적어도 하루나 이틀 전에는 티켓을 구입하는 것을 추천한다.

고속 열차高铁 G
- 칭다오 역에서 취푸동(曲阜东) 역까지 3시간 30분~4시간 / 1등석 144元, 2등석179元
- 제남 서역에서 취푸동 역까지 40~45분 / 1등석99.5元, 2등석 59.5元
- 타이안 역(타이산)에서 취푸동 역까지 20~25분 / 1등석 54.5元, 2등석 29.5元

• 취푸曲阜 역

일반 열차를 이용할 경우 취푸 역에 도착하며, 취푸동 역보다 시내까지 거리가 조금 가깝기는 하지만 크게 차이가 나지는 않는다. 일반 열차의 경우 딱딱한 좌석硬座, 딱딱한 침대硬卧, 푹신한 침대软卧로 등급이 나뉘어져 있다.

쾌속 열차快速 K
- 칭다오 역에서 취푸 역까지 7시간~7시간 30분 / 딱딱한 좌석 56.5元, 딱딱한 침대 121元
- 제남 역에서 취푸 역까지 2시간 20분~2시간 30분 / 딱딱한 좌석 28.5元
- 타이산(타이산) 역에서 취푸 역까지 1시간 20분~1시간 30분 / 딱딱한 좌석 18.5元

 Tip 취푸동 역의 논어 한 구절!

학이 시습지 불역열호, 유붕자원방래 불역락호, 인불지이불온 불역군자호
學而 時習之 不亦說乎, 有朋自遠防來 不亦樂乎, 人不知而不溫 不亦君子乎

배우고 그것을 때때로 익히면 즐겁지 아니한가,
친구가 멀리서 찾아오면 또한 즐겁지 아니한가,
사람들이 알아주지 않더라도 서운해 하지 않는다면
군자라 불리지 않겠는가

논어 학이편의 첫 구절이다. 공자를 찾아 떠나는 여행, 취푸 여행이 시작되는 취푸동 역에 도착하면 공자의 이 문구가 여행자를 맞아 준다. 뜻을 알고 보면 꽤 낭만적이라는 생각이 든다. 여행을 마치고 돌아와서도 반가운 친구가 멀리서 찾아오면 취푸 여행의 기억이 떠오를지도 모른다.

열차 역에서 시내로 이동하기

취푸동 역으로 도착하면 역사를 나와 좌측에 있는 버스 터미널(曲阜高铁汽车站)에서 시내로 가는 버스를 탈 수 있다. 버스 터미널로 들어가기 위해서는 보안 검색을 다시 한 번 해야 하며, 티켓은 살 필요 없이 버스에서 3元을 지불하면 된다. K01번 버스를 타는데, 'K01 市内公交'라고 쓰여 있는 곳에서 탑승하면 된다. 취푸 역으로 도착하면 역 앞에서 K03, K05, K09 버스를 이용하며 요금은 3元으로 동일하다. 공묘 앞의 취푸 여객 복무 센터에서 취푸 시내 여행을 시작하기 때문에 대부분의 여행자가 공묘 남문(孔庙南门) 버스 정류장에서 하차한다. 취푸동 역에서는 약 45분, 취푸 역에서는 약 35분이 소요된다. 택시를 이용할 경우는 35~40元 정도가 나오며, 약 30분 정도 소요된다.

• 택시 打车

택시를 이용할 경우 타이안에서 약 1시간 15분 정도가 소요되고, 요금은 200~250元 정도 나온다.

• 취푸 여객 복무 센터
曲阜游客服务中心

공묘 남문에 있는 여행자 센터이다. 여행 정보가 많지는 않지만, 매표소이기 때문에 취푸의 삼공의 여행이 시작되는 곳이다. 매표소에서 입장권을 구입하고 취푸 시내 중심에 있는 성벽으로 들어가면 공묘가 나온다. 공묘의 출구로 나와 상점가를 따라가면 공부의 입구가 나온다. 공림은 공부의 출구에서 1.5km 거리에 있지만, 공부 출구에 기다리고 있는 자전거나 마차, 전기차를 이용하면 쉽게 찾아갈 수 있다. 유네스코에 삼공으로 등록된 공묘, 공부, 공림은 자연스럽게 연결되며, 빠르게 둘러보면 3시간이면 모두 볼 수 있다.

위치 공묘 남문(孔庙南门) 버스 정류장에서 북쪽으로 도보 약 3분, 공묘 입구의 성벽 앞

🎫 공묘 孔庙 [쿵먀오]

취푸성의 중심에 있는 공묘는 중국의 3대 궁전 건축의 하나로 베이징 자금성에 이어 두 번째로 큰 규모이다. 공자를 모시고 있는 사당인 공묘와 공자의 후손들의 저택인 공부를 높은 성벽이 감싸고 있으며, 공묘를 방문하는 여행자는 성문 밖에서 입장권을 구입하고 공묘로 들어가게 된다. 기원전 478년 공자 사후 1년 뒤 노나라의 애공이 공자가 살던 작은 집을 개조한 것이 공묘의 시작이었다. 역대 황제들이 증축을 반복해서 남북으로 700m, 폭 140m의 지금 규모에 이르게 되었다. 남쪽의 입구에서 북쪽으로 올라가면서 규문각, 행단을 지나 공묘의 본전인 대성전에 이르며 이후 동쪽의 출구로 나가면, 기념품을 파는 전통 거리를 지나 공부로 연결된다.

위치 공묘 남문(孔庙南门) 버스 정류장에서 북쪽으로 도보 약 3분, 공묘 입구의 성벽 앞 **시간** 08:00~17:30 **요금** 80元, 삼공 공통 입장권 140元

📷 규문각 奎文阁 [쿠이원꺼]

공묘의 중심적인 건축물 중 하나로 책을 보관하는 도서관의 역할을 하던 건물이다. '공자가 이사를 가면 온통 책뿐이다孔夫子搬家一淨是書'라는 말이 있을 정도로 이곳에는 많은 책이 소장되어 있다. 못을 사용하지 않은 아름다운 목조 건물인 규문각은 중국 10대 명루 중 하나로 꼽는다. 1694년 취푸 지역에 대지진이 발생해 공묘의 많은 건물들이 크게 훼손되었지만 규문각만큼은 무사했다. 규문각에 있던 수많은 장서는 현재 공부고문서관으로 이전해서 보관하고 있으며, 현재는 공자와 관련된 기념품을 판매하는 코너가 있다.

📷 십삼비정 十三碑亭 [스싼뻬이팅]

규문각을 지나면 각각 거대한 비석을 내부에 두고 있는 13개의 정자가 나오는데 이를 십삼비정이라 부른다. 남쪽으로 8개, 북쪽으로 5개의 2층 정자가 이어져 있다. 여러 개의 처마가 겹쳐 보여 사진을 찍기에도 좋다. 공묘를 방문한 황제들이 세운 비석들을 보호하기 위해 세운 정자는 50여 개의 비석들이 있다. 이 중 가장 큰 비석은 1686년 청나라의 강희제가 세운 비석이다. 비석 자체의 무게만 35톤이며 비석 받침까지 합치면 65톤에 이른다고 한다. 대부분의 비석이 베이징에서 취푸까지 500km가 넘는 거리를 운반해야 했는데, 당시 황제의 권력이 느껴지는 부분이다.

📷 행단 杏壇 [싱탄]

대성전의 바로 앞 마당에 있는 행단은 공자가 제자를 가르치던 장소다. 공자는 실내뿐만 아니라 야외에서도 제자들을 가르쳤다고 한다. 살구나무 아래에서 제자들은 책을 읽고 공자는 거문고를 연주했다는 이야기와 그림 등이 전해지고 있다. 행단이라는 말이 학문을 닦는 장소를 일컫는 것은 이곳에서 유래되었다. 행단의 안에 있는 비문은 청나라의 건륭제가 세운 행단을 찬양하는 비문이며, 행단 앞의 1m 크기의 용이 감싸고 있는 석등은 금나라 시대에 세워진 유물이다.

📷 대성전 大成殿 [따청띠엔]

공묘의 중심이 되는 건물로 공자를 중심으로 공자의 4대 제자인 안자, 증자, 자사, 맹자를 모시고 있다. 동서 48.7m, 남북 24.8m, 높이 24.8m로 중국의 고대 건축물 중 베이징의 자금성에 이어 두 번째로 큰 궁전 건물이다. 황제의 색이라 일반인들은 사용할 수 없었던 노란색 기와지붕과 지방을 받들고 있는 12개의 기둥을 보면 공자가 황제 못지않은 존재라는 것을 짐작할 수 있다. 자금성의 영향을 받았지만 황제의 거처보다 검소하게 하기 위해 월대와 답도 등은 최대한 간소하게 했다. 하지만 12개의 기둥은 지나치게 화려하다. 높이 6m, 직경 0.8m의 12개의 기둥에는 각각 두 마리씩 서로 다른 모습을 하고 있는 용이 조각되어 있어, 황제들이 공묘를 찾을 때는 붉은 천으로 가려 눈에 띄지 않게 했다고 한다. 대성전 앞에서 향을 피우며 전통 의식을 행하는 광경도 여행의 색다른 재미를 선사한다.

Tip 월대와 답도

월대는 궁궐의 정전, 묘단, 향교 등 주요 건물 앞에 설치하는 기단 형식의 대이다. 자금성 태화전은 3단 월대, 공묘 대성전은 2단 월대이다. 참고로 우리나라 경복궁 근정전도 2단이다. 답도는 궁궐의 격을 상징하는 장식물 중 하나로 궁궐로 올라가는 중앙의 계단에 조각되어 있다. 황제는 가마를 이용해 계단을 오르기 때문에 중앙에 계단이 필요 없고, 그 옆에 가마꾼들이 이용하는 계단이 필요할 뿐이었다. 지금은 문화재 보호를 위해 난간으로 보호하고 있다.

📷 노벽 魯壁 [루삐]

기원전 213년 모든 책을 불태우라는 진시황의 분서령에 따라 유교뿐 아니라 당시의 많은 서적들이 불태워졌고, 책의 내용을 기억하는 사람들을 처형하는 갱유령에 따라 오랜 기간 중국 문화에 큰 침체기가 생겼다. 이를 분서갱유焚書坑儒라한다. 분서갱유 당시 공자의 9대손이 책을 벽 사이에 숨겨 두었는데 한무제(기원전 141~87년) 시대에 공자의 전택을 궁전으로 만드는 공사를 하던 중 발견되었다. 유교의 5경五經

중 하나로 중국에서 가장 오래된 역사서 서경書經을 비롯해 예기礼記, 논어论语, 효경孝経 등 분서갱유 당시 소실되었던 많은 서적들이 전부는 아니지만 이 벽 속에서 발견되었고, 이를 기억하기 위해 노벽이라는 이름으로 아직까지 남겨져 있다.

📷 공부 孔府 [쿵푸]

공자의 직계 자손들이 거주하는 저택으로 천하제일의 집이라는 자부심을 가지고 있는 곳이다. 9개의 정원이 있는 구진원락九进院落이라는 양식을 기본으로 하고 있는데, 이는 중국 고대 황실의 건축 양식에 버금가는 수준이다. 남북의 길이가 2km에 달하며 16m²의 대지 면적에는 463개의 방이 있다. 청나라 시대에 정원 예술이 발달하게 되면서 공부의 중심으로 남쪽은 관공서의 역할을 하기도 한 관저, 북쪽은 주택과 정원이 자리 잡고 있으며, 동쪽은 공씨 가족의 주거공간, 서쪽은 손님을 맞이하는 곳으로 구성되어 있다.

공부의 주인이라 할 수 있는 연성공衍聖公은 공자의 적손이 대대로 세습하던 작위이다. 진나라의 시황제가 공자의 9세손을 노국문통군鲁国文通君으로 봉하면서 공자의 자손들에게 작위가 주어지게 되었다. 유교가 국학国学이 되면서 유교를 널리 퍼뜨리기 위해 유교의 창시자인 공자의 자손에 대한 예우는 오랜 시간 이어졌다. 연성공이라 불리게 된 것은 송나라 인종 때인 1055년부터였으며, 1935년 청나라의 작위를 폐지했다. 77대이자 마지막 연성공은 1949년 중국 공산화 때 대만으로 이주해 현재 취푸에 공자의 직계 종손은 없다.

위치 공묘 출구에서 상점가를 따라 도보 3분 **시간** 08:00~17:30 **요금** 60元, 삼공 공통 입장권 140元

📷 성부대문 圣府大门 [성푸따먼]

성스러운 집이라는 뜻으로 성부라고 불리기도 하는 공부의 정문이다. 편액 역시 성부라고 쓰여 있으며 양쪽에 '與国咸休安富尊栄公府第, 同天井老文章道徳聖人家(나라와 함께 안도, 부귀, 존경을 받는 공자, 천지와 함께 하는 글과 도덕이 있는 성인의 집이라는 뜻)'라고 쓰여 있다. 각 문장의 중앙에 있는 부富와 장章의 한자가 특이한데, 부富는 갓머리宀가 아닌 민갓머리冖이며, 장章은 가운데를 한 획으로 위에서 연결하고 있다. 이는 부귀에는 끝이 없으며, 글은 하늘에 닿는다는 뜻을 담고 있다.

📷 중광문 重光门 [쫑광먼]

공부에 들어서면 양쪽에 담이 없이 서 있는 화려한 장식의 문이 나온다. 명나라 1506년에 지어진 이 문은 황제가 공부를 방문하거나 성대한 예식이 있을 때에만 13발의 예포와 함께 문이 열렸다고 한다. 물론 현재는 닫혀진 상태로 있다. 중광문의 양옆으로는 행정, 재정, 의식, 법무 등을 담당하는 관리들이 사용하던 건물이 있으며, 공부 관공서로서의 역사와 관련된 자료들을 전시하고 있다.

📷 충서당, 안회당 忠恕堂 [쭝수탕], 安怀堂 [안화이탕]

관공서 역할을 하던 대당大堂과 이당二堂의 안쪽에는 외부 손님을 맞이하던 3당三堂이 있다. 대표적인 건물은 충서당과 안회당이다. "선생님(공자)의 도는 자기 몸과 마음을 다하는 충과 남을 헤아려 생각하는 서뿐이다(夫子之道 忠恕而已矣)"라는 공자의 제자인 증자의 말에서 충서당이라 이름 지어졌고, 안회당은 "노인들은 편안히 지낼 수 있게 하고(노자안지老者安之), 친구들과는 신의로 사귀며(붕우신지朋友信之), 젊은이들을 귀하게 생각하라(소자회지少者怀之)"는 공자의 가르침에서 유래되었다.

충서당

안회당

📷 계탐도 戒贪图 [찌에탄투]

관공서의 역할을 하던 공부 남쪽의 일당一堂, 이당二堂을 지나 삼당 이후는 공자의 자손들이 거주하던 공간이 나온다. 주거 공간에서 사무 공간으로 가는 문 앞의 조벽에는 계탐도戒贪图라는 그림이 크게 그려져 있다. 부와 명예를 모두 갖추었으면서도 욕심을 멈추지 못하고 태양까지 집어 삼키려는 상상의 동물로, 공무를 하는 데 탐욕을 멀리해야 한다는 의미를 갖는다. 대부분의 여행자들은 사무 공간에서 주거 공간으로 이동하기 때문에 뒤를 돌아보지 않으면 이 그림을 보지 못하고 지나칠 수 있으니, 신경써서 뒤를 돌아보자.

📷 후당루 后堂楼 [허우탕러우]

황제에게 작위를 받은 공자의 직계 가족의 주거 공간은 전상방과 전당루, 후당루로 구분된다. 2층 구조인 전당루와 후당루는 77대 공자의 자손이 실제 살던 곳이며, 중국이 공산화되기 전에 대만으로 이주했기 때문에 현재는 당시의 가구와 서적, 전통 결혼식에 사용한 용구 등이 전시되어 있다. 후당루의 뒤쪽은 공묘의 출구가 있는데, 출구로 나가기 전에 나오는 정원 또한 공묘의 큰 볼거리다. 매일 9시, 10시, 11시, 14시, 15시, 16시에는 20분간 전통 공연을 하기도 한다.

🎫 안묘 颜庙 [옌먀오]

공자의 네 명의 제자 중 공자가 가장 좋아했다고 하는 안회의 묘지이며 사당이다. 3,000명이 넘는 제자 중 안회에 대한 이야기가 가장 많이 전해지고 있는데, 하나를 알면 열을 안다는 '문일지십闻一知十' 이야기가 가장 유명하다. 공자의 제자이면서 그보다 먼저 세상을 떠났는데, 공자가 이를 보고 '하늘이 나를 버렸다天丧予'며 탄식한 이야기도 유명하다. 집안이 가난하여 끼니를 걱정해야 하면서도 인과 덕을 쌓

으면서 공자의 수제자가 되었으며, 묘지 또한 공자의 묘지 가까이에 있다.

위치 공부 출구에서 도보 3분 **시간** 08:00~17:30 **요금** 50元

Tip 마차와 인력거, 전기차는 공부, 공묘는 물론 취푸 시내 곳곳에서 볼 수 있다. 여행자들이 주로 이용하는 구간은 공부의 출구에서 공림까지 이동할 때다. 취푸시에서 운영하는 공식 전기차의 요금은 15元이며, 자전거나 인력거는 협상하기에 따라 다르지만 공부의 출구에서 공림까지는 5~10元이면 갈 수 있다.

🅰 공림 孔林 [쿵린]

공자의 묘를 중심으로 공자 일족의 10만 여 기가 넘는 무덤과 3,500여 개의 비석이 울창한 숲속에 모여 있는 곳이다. 공부의 출구에서 1.5km 거리에 있는데, 출구 앞에는 공림까지 가는 자전거, 인력거 운전사들이 호객 행위를 하고 있다. 취푸시에서 공식으로 운영하는 전기차는 100m 거리에 있는 정류장에서 타야 하기 때문에 가격이 저렴한 자전거나 인력거를 이용하는 것도 좋다. 200km²가 넘는 넓은 공림 전체를 둘러보는 데는 2시간 이상 소요된다. 만약 시간이 많지 않다면 입구에서 가까이에 있는 공자의 묘지만 보거나 공림 내부를 순회하는 전기차를 이용하는 것도 좋은 방법이다.

위치 공부 출구에서 도보 약 15~20분 / 자전거, 마차 이용 약 5분 **시간** 08:00~18:00 **요금** 10元, 삼공 공통 입장권 140元

Tip 공림을 편하게 둘러볼 수 있는 공림 관광차

공림을 둘러보는 약 8km 정도의 산책로는 도보 약 2시간이 소요된다. 공자의 묘지는 입구에서 가까운 곳에 있기 때문에 공자의 묘지만 본다면 30분 정도 소요된다. 숲으로 우거진 공림 전체를 빠른 시간 내에 둘러보고 싶다면 전기차를 이용하는 것이 좋다. 전기차를 이용하면 입구에서 반시계 방향으로 이동하여 청나라 묘지군과 우씨방, 명나라 묘지군을 지나 공자묘의 입구라고 할 수 있는 수수교 앞에 내려 주며, 공자묘 출구에서 다시 전  기차를 이용해 입구까지 이동하게 된다. 공자묘 출구에서 입구까지는 걸어서도 10분이면 충분하기 때문에 전기차를 이용하지 않고 산책하는 것도 좋다.

요금 20元 **운행 구간** 공림 입구(이림문 앞) – 청나라 묘지군 – 우씨방 – 명나라 묘지군 – 수수교 앞(공자묘 입구) / 공자묘 출구 – 공림 입구(이림문 앞)

공자묘 孔子墓 [쿵쯔무]

공림의 입구인 지성림문至聖林门을 지나고 다시 성벽으로 둘러싸인 이림문二林门을 지나면 본격적인 공림이다. 공림에 들어서면 수수라는 작은 개천이 흐르고 있고, 이 개천을 건너면 공자의 묘지가 시작된다. 공자의 묘지로 가기 전에 돌로 만들어진 작은 정자 안에 나무가 하나 모셔져 있는데, 이는 공자의 제자인 자공子貢이 손수 심은 황련목이라는 전설의 나무이다. 청나라 시대에 벼락을 맞아 불타고 남은 뿌리를 기념하기 위해 비석과 함께 정자를 세웠다고 한다.

성인으로 추앙받으며, 황제 못지않은 영향력이 있는 공자이지만 묘는 생각보다 크지 않다. 제자들에게 자신의 사후에 장례를 검소하게 하라고 당부했는데, 황제들의 시기를 염려했기 때문이라는 이야기도 있다. 묘비에는 '대성지성문선왕묘大成至圣文宣王墓'라 쓰여 있는데, 대성은 명나라 황제가 내린 시호, 지성은 송나라 때 내린 시호, 문선왕은 당나라 때 내린 시호로 역대 황제들이 내린 시호를 표기하다 보니 길어지게 되었다. 마지막 글자인 '왕王'자가 특이하게 길게 되어 있는데, 이 역시 황제들이 봤을 때 묘석에 가려져 왕王이 아닌 간干으로 보이게 하려는 의도가 있었다고 한다.

공자의 묘소 왼쪽에는 자공이 공자 사후 3년간 다른 제자들과 함께, 그리고 다시 3년간은 홀로 묘소를 관리하며 스승에 대한 예를 갖추던 곳이다. 지금의 건물은 후대에 자공을 기념하기 위해 지어진 것이며, 실내에는 공자의 영정이 모셔져 있다.

황련목

우씨방 于氏坊 [위스팡]

공림에 있는 건축물 중 가장 화려한 장식을 하고 있는 우씨방은 공자의 72대손의 부인이자, 청나라 황제 건륭제의 딸인 우씨를 위해 지은 패방이다. 당시 만족과 한족의 결혼이 금지되어 있었기 때문에 황제는 자신의 딸을 신하인 우민于敏의 양녀로 보낸 후 위성공에게 시집을 보냈기 때문에 우씨가 되었다. 우씨방 옆에는 청나라 시대의 주요 묘비가 모여 있으며, 공림에는 공자의 일족 외에도 공자의 제자를 비롯한 유명한 인물의 묘비가 다수 있다.

참고로 우씨방은 공림의 가장 안쪽에 있기 때문에 입구에서 걸어가면 30분 이상 소요된다.

Hotel

칭다오 호텔

상하이에서 3성급 호텔에서 숙박하는 예산으로 5성급 호텔을 즐길 수 있을 만큼 칭다오의 호텔은 다른 지역에 비해 저렴하다. 비즈니스로 방문하는 여행객들을 위한 3~4성급 호텔부터 힐튼이나 샹그릴라와 같은 특급 호텔까지 다양한 등급의 호텔을 선택할 수 있고, 여행자의 취향에 따라 구시가와 신시가의 전혀 다른 분위기의 지역에서 숙박할 수도 있다. 신시가 지역의 호텔은 대부분 지어진 지 10년 전후거나 리노베이션을 통해 현대적 시설을 갖추었고, 구시가의 호텔은 조금 오래된 편이긴 하지만 신시가 지역의 호텔에 비해 20~30% 정도 저렴하다. 여름 성수기의 호텔과 겨울 비수기의 호텔 요금이 30% 이상 차이가 날 만큼 시기별로 요금 변동도 제법 큰 편이다.

🏨 중국 호텔 예약하기

각 호텔의 홈페이지를 통해 예약할 수도 있지만, 호텔 예약 사이트를 이용해서 예약하는 것이 가장 편리하다. 호텔스닷컴, 부킹닷컴과 같은 온라인 여행사(OTA, Online Travel Agency)를 이용해 여러 호텔을 쉽게 검색하고 비교하면서 예약할 수 있다. 최근에는 중국계 온라인 여행사인 씨트립도 한글화가 잘되어 있고, 할인 이벤트 등을 자주 진행한다.

씨트립
www.ctrip.com

호텔즈닷컴
www.hotels.com

부킹닷컴
www.booking.com

구시가지

잔교 프린스 호텔 栈桥王子饭店 Zhanqiao Prince Hotel

잔교 전망의 오션 뷰

칭다오 구시가의 상징인 잔교가 바라보이는 해변에 있는 호텔이다. 1911년 독일인 건축가에 의해 지어진 역사 깊은 건물을 2008년에 호텔로 꾸몄다. 아침 식사가 제공되는 레스토랑과 오션 뷰 객실에서는 잔교가 보인다. 바다가 한눈에 들어오는 전망이 일품이지만, 가격이 저렴한 일반 객실 중에는 바다가 보이지 않거나 창문이 작아 조금 답답한 객실도 있다.

주소 青岛市 市南区 太平路 31号 / 31 Tai Ping Lu, Shinan Qu 위치 ① 공항버스 또는 버스 이용 칭다오 역(青岛火车站) 정류장 하차 후 도보 10분 ② 구시가, 잔교에서 도보 약 5분 전화 0532-8288-8666 요금 70,000~100,000원(2인실 기준)

오션와이드 엘리트 호텔 泛海名人酒店 Oceanwide Elite Hotel

역사적 가치가 높은 건물

잔교 프린스 호텔 바로 옆에 위치하고 있다. 두 호텔의 건물 모두 역사적 가치가 높으며, '산둥성 우수 역사 건물'로 선정되었다. 구시가의 대표적 관광지인 잔교와 칭다오 역, 버스 정류장 가까이에 있는 최적의 위치로 많은 관광객들이 찾고 있다. 오션 뷰와 시티 뷰의 객실이 있고, 요금이 비싼 오션 뷰 객실은 넓은 창문에 테라스가 있기도 하지만 시티 객실은 창문이 작거나 없는 경우도 있으니 예약 전에 확인해야 한다.

주소 青岛市 市南区 太平路 29号 / 29 Tai Ping Lu, Shinan Qu 위치 ① 공항버스 또는 버스 이용 칭다오 역(青岛火车站) 정류장 하차 후 도보 10분 ② 구시가, 잔교에서 도보 약 5분 전화 0532-8299-6699 요금 65,000~100,000원(2인실 기준)

징위안 아트 체인 호텔 京苑连锁艺术酒店 德国风情街店 Jingyuan Chain Art Hotel Qingdao

저렴한 가격과 깔끔한 디자인의 객실

중국의 부티크 디자인 호텔 체인인 징위안 아트 체인 호텔이다. 구시가의 독일 풍경 거리 青岛德国风情街에 있어 피차이위엔 꼬치 거리와 지모루 시장 등으로의 이동이 편리하다. 예스러운 중국 전통의 외관을 하고 있지만 호텔은 2015년에 오픈했고, 내부의 시설도 현대적이다. 저렴한 가격에 비해 깔끔한 디자인의 객실로 젊은 여행자와 연인들에게 인기가 많다.

주소 青岛市 市北区 聊城路 108号 / 108 Liaocheng Rd, Shibei Qu 위치 구시가, 독일 풍경 거리, 칭다오 역에서 도보 20분 전화 0532-8285-8128 요금 35,000~60,000원(2인실 기준)

🏨 신시가지

콥튼 호텔(국돈 호텔) 国敦大酒店 Copthorne Hotel

4성급 국돈 호텔

국돈 호텔이라는 우리나라식 한자 읽기 이름으로 익숙한 4성급 호텔로, 우리나라 여행자와 칭다오로 출장 온 사람들이 많이 이용한다. 공항버스가 정차하는 까르푸 바로 건너편에 있어 최고의 위치를 자랑하며, 객실도 깔끔한 편이다. 5·4광장, 이온몰, 운소로 미식 거리 등을 걸어서 갈 수 있고, 호텔 앞 정류장에서 라오산 가는 104, 110번 버스를 탈 수 있다.

주소 青岛市 市南区 香港中路 28号 / 28 Xiang Gang Zhong Lu, Shinan Qu 위치 ❶ 버스 이용하여 부산소(浮山所) 정류장 하차 ❷ 신시가, 까르푸 건너편 전화 0532-8668-1688 홈페이지 www.millenniumhotels.com.cn/en/copthorneqingdao 요금 95,000~110,000원(2인실 기준)

크라운 플라자 青岛颐中皇冠假日酒店 Crowne Plaza

시내로의 접근성이 좋은 5성급 호텔

2010년에 리노베이션을 마친 시내 중심의 5성급 호텔로 대형 슈퍼마켓인 이온몰 바로 옆에 있다. 운소로 미식 거리, 카페와 차 거리까지 노보로 이동할 수 있으며, 마리나 시티도 가까이에 있다. 5성급 호텔 중에서는 비교적 저렴한 편이기 때문에 여행자 및 출장자들도 많이 이용한다. 피트니스 센터와 사우나, 수영장 등의 부대시설도 갖추고 있어 아이와 함께 이용하기에도 좋다.

주소 青岛市 市南区 香港中路 76号 / 76 Xiang Gang Zhong Lu, Shinan Qu 위치 신시가, 이온몰 바로 옆 전화 0532-8571-8888 홈페이지 www.ihg.com/crowneplaza/hotels/cn/zh/qingdao/daoch/hoteldetail 요금 150,000~180,000원(2인실 기준)

인터콘티넨털 칭다오 海尔洲际酒店 Intercontinental Hotel

칭다오의 최고급 호텔로 손꼽히는 곳

2008년에 개최된 베이징 올림픽 요트 경기의 무대인 올림픽 요트 선수촌Olympic Sailing Village에 자리 잡은 유일한 호텔이다. 샹그릴라 호텔과 함께 칭다오의 최고급 호텔로 손꼽히며, 바다 쪽 객실에서는 요트 선착장 너머로 5·4 광장, 팔대관 풍경구까지 아름다운 전망이 펼쳐진다. 걸어서 신시가의 해안 풍경을 감상할 수 있으며, 고급 쇼핑몰인 하이신 광장, 이온 슈퍼마켓과 음식점들이 모여 있는 마리나 시티까지는 도보로 5분 정도의 거리에 있다. 다양한 나라의 요리를 선보이는 호텔 내 레스토랑의 음식이 맛있기로 유명하고, 훌륭한 수준의 스파 시설도 갖추고 있다. 실내 수영장이 있어 아이 동반 가족 여행자에게도 좋다.

주소 青岛市 市南区 澳门路 98号 위치 ❶ 공항버스 타고 부산소(浮山所) 정류장 하차 후 택시 이동 ❷ 버스 타고 아오판지띠(奥帆基地, 요트 경기장) 정류장 하차 후 도보 5분 ❸ 신시가, 올림픽 요트 경기장 주변 전화 0532-6656-6666 홈페이지 www.ihg.com/intercontinental/hotels/kr/ko/qingdao/daoha/hoteldetail 요금 180,000~420,000원(2인실 기준)

샹그릴라 호텔 青岛香格里拉大饭店 Shangri-La Hotel Qingdao

아시아 최대 규모의 고급 호텔 브랜드

홍콩과 싱가포르를 중심으로 아시아 지역에서 최대 규모의 고급 호텔 브랜드인 샹그릴라 호텔 체인이다. 인터콘티넨탈 호텔과 함께 칭다오 신시가의 대표적인 최고급 호텔로 동양의 전통미와 서양의 현대적인 아름다움이 조화를 이루고 있다. 밸리 윙(신관), 시티 윙(본관)으로 구분되고, 일반 객실은 본관 쪽에 있다. 칭다오 시내에서 가장 주목받는 복합 쇼핑몰인 완샹청의 바로 옆에 위치하고, 5·4 광장과 해안 산책로, 대형 마트인 까르푸도 도보 10분이면 이동할 수 있다. 최근 리뉴얼한 뷔페 레스토랑 '카페 얌 Cafe Yam' 은 숙박객이 아닌 현지인들에게도 인기이고, 2개의 레스토랑과 로비 라운지, 칵테일 바가 있다. 수영장과 스파, 마사지 시설 등도 잘 갖추고 있다.

주소 青岛市 市南区 香港中路 9号 위치 ❶ 지하철 5·4 광장(五四广场) 역에서 하차 ❷ 신시가, 완샹청 바로 옆 전화 0532-8388-3838 홈페이지 www.shangri-la.com/qingdao/shangrila 요금 200,000~250,000원(2인실 기준)

칭다오 파글로리 레지던스 青岛远雄悦来酒店公寓 Qingdao Farglory Residence

주방 설비를 갖춘 레지던스 호텔

2010년에 오픈한 현대식 건물에 있는 레지던스 호텔로 5·4 광장의 아름다운 풍경이 내려다보이는 객실이 특히 인기이다. 레지던스로 객실 내에 주방 설비를 갖추고 있으며, 사우나와 수영장 등의 부대시설도 있다. 콤튼 호텔의 바로 뒤쪽에 위치해 공항버스를 이용하기도 편리하다.

주소 青岛市 市南区 香港中路 26号 위치 ❶ 지하철 5·4 광장(五四广场) 역에서 하차 ❷ 버스 부산소(浮山所) 정류장 하차 전화 0532-5571-7199 홈페이지 www.fargloryresidence.com 요금 100,000~150,000원(2인실 기준)

홀리데이 인 칭다오 시티 센터 青岛中心假日酒店 Holiday Inn Qingdao City Centre

시내 중심에 위치한 비즈니스급 호텔

세계적인 호텔 체인 인터콘티넨탈 그룹의 비즈니스급 호텔 체인으로 4성급 호텔이지만 5성급 못지않은 서비스를 제공하는 것으로 유명하다. 시내 중심에 위치하고 있어 관광 및 비즈니스 수요 모두를 만족시킨다. 322개의 모던한 객실은 최근의 유행을 반영하고 있고, 칭다오 시내가 내려다보이는 레스토랑에서는 다양한 메뉴의 조식 뷔페를 제공해 평이 좋다. 공항버스가 정차하는 까르푸 매장의 바로 뒤쪽에 있어 찾아가기도 쉽다.

주소 青岛市 市南区 徐州路 1号 / 1 Xu Zhou Lu, Shinan Qu 위치 비스 부산소(浮山所) 정류장 하차 후 도보 5분 **2** 신시가, 까르푸 바로 뒤 전화 0532-6670-8888 홈페이지 www.ihg.com/holidayinn/hotels/us/en/qingdao/daoxr/hoteldetail 요금 145,000~220,000원(2인실 기준)

차이나 커뮤니티 아트 & 컬쳐 호텔 青岛老转村CHINA公社文化艺术酒店

칭다오 시내의 대표적인 디자인 호텔

중국의 전통 공연을 보면서 식사할 수 있는 인기 맛집인 차이나공사CHINA公社에서 운영하는 호텔로 칭다오 시내의 대표적인 디자인 호텔이다. 전통의 미를 현대적으로 재해석한 갤러리 느낌의 인테리어가 돋보인다. 다양한 부대시설을 갖추고 있어 호텔에서 보내는 시간이 많은 여행자들에게 좋은 반응을 얻고 있다.

주소 青岛市 市南区 闽江三路 8號 / 8 Minjiang 3rd Rd, Shinan Qu 위치 운소로 미식 거리 북단에서 도보 3분 / 카페 거리 북단에서 도보 5분 전화 0532-8576-8776 홈페이지 www.chinagongshe.com/en-us/index.html 요금 50,000~80,000원(2인실 기준)

하얏트 리젠시 青岛鲁商凯悦酒店 Hyatt Regency

석노인 해변에 위치한 인기 호텔

석노인 해변에 위치한 호텔로 시내 관광보다는 휴양을 위해 칭다오를 찾는 여행자들이 즐겨 찾는 호텔이다. 공항에서 리무진 버스를 이용해 편하게 이동할 수 있고, 넓은 실내 수영장이 있어 어린이와 함께하는 가족 여행자들에게 인기다. 석노인 CC 골프장을 찾는 골프 여행자들도 즐겨 찾는 호텔이다. 전망 레스토랑과 로비에서 해안으로 이어지는 카페와 같은 부대시설도 잘 갖추고 있다.

주소 青岛市 崂山区 东海东路 88号 / 88 Donghai East Road, Laoshan Qu 위치 ❶ 703번 공항버스를 타고 쒀페이야따지우디엔(索菲亚大酒店) 정류장 하차 후 택시 약 5분 ❷ 시내에서 버스 317번 이용 하이커우루(海口路) 정류장 하차 후 약 도보 5분 ❸ 칭다오 시내 중심에서 차로 약 30분, 석노인 해수욕장 바로 옆 전화 0532-8612-1234 요금 120,000~150,000원(2인실 기준)

포 포인츠 바이 쉐라톤 泰安宝龙福朋喜来登酒店 Four Points by Sheraton Taian

타이산 등산 코스와 가까운 타이안의 고급 호텔

타이안에 있는 호텔 중 가장 고급스러운 호텔로 타이산의 홍문 코스, 천외촌 코스의 시작점에서도 가까운 위치에 있다. 쉐라톤 계열다운 고급스러운 시설에 비하면 비교적 저렴한 가격이다. 총 300개의 객실을 갖추고 있고, 무료 와이파이를 비롯한 다양한 서비스를 제공받을 수 있다. 체크아웃 시간이 12시라 오전에 일찍 등반을 마치고 체크아웃할 수도 있다. 타이산 천외촌, 홍문까지 택시로 10분 정도 걸린다(8~10元).

주소 泰安市 岱道庵路 6号 / 6 Dai Dao An Lu, Taishan Qu 위치 타이안 역에서 택시 이용 약 30분(30元) / 천외촌 타이산 입구에서 택시 약 10분(10元) 전화 0538-8879-999 요금 80,000~150,000원(2인실 기준)

완다 렐름 타이안 万达嘉华酒店 Wanda Realm

아이와 함께하는 여행자에게 좋은 호텔

완다 그룹에서 운영하는 호텔로, 객실이 고층에 위치하고 있어 맑은 날이면 객실에서 타이산의 풍경을 바라볼 수 있고, 호텔 바로 옆에는 대형 복합 상업 시설인 완다 플라자가 있다. 호텔 레스토랑 외에도 완다 플라자의 깔끔한 레스토랑을 이용할 수 있다. 실내 수영장이 있어 어린이와 함께하는 여행자들에게 인기가 많은 호텔이다. 타이산 천외촌, 홍문까지 택시로 15분 정도 걸린다(15~20元).

주소 泰安市 泰山大街 566号 위치 타이안 역에서 택시로 약 20분(25元) / 천외촌 타이산 입구에서 택시 약 10분(10元) / 완다 광장 내 전화 0538-8358-888 요금 100,000~130,000원

라마다 프라자 타이안 Ramada Plaza Taian

타이산 등산 코스와 가까운 위치의 호텔

타이산의 인기 있는 등산 코스인 홍문 코스, 천외천 코스 가까이에 있는 숙소들 중에 가장 현대적인 시설을 갖추고 있는 호텔이다. 국제적인 호텔 그룹인 라마다에서 운영하기 때문에 두루 기본 이상은 하고, 조식 뷔페도 깔끔하게 잘 나온다. 타이산 전망이 보이는 객실 있고, 객실 크기에 따라 요금이 크게 변하기도 하니 예약 시 참고하도록 하자. 타이산 천외촌, 홍문까지 택시로 7분 정도 걸린다(8~10元).

주소 泰安市 泰山区 迎胜东路 16号 / 6 Yingsheng E Rd, Taishan Qu 위치 타이안 역에서 택시 이용 약 30분(30元) / 타이산 입구(천외촌)에서 도보 5분 전화 0538-8368-888 요금 50,000원~100,000원(2인실 기준)

테마 여행

칭다오에서 만나는 유럽

19세기 중반 서구 열강들이 중국의 항구 도시에 조계지를 설치하여 지금도 상하이, 홍콩, 광저우 등지에는 당시에 지어진 서양식 건물들이 남아 있다. 칭다오 역시 서양식 건물들이 많이 남아 있는데, 독일의 영향을 가장 많이 받았다. 다른 도시보다 옛 모습을 잘 간직하고 있는 칭다오에서 유럽의 정취를 느껴 보자.

◉ 영빈관

칭다오의 독일식 건물 중 하나를 꼽으라면 단연 영빈관이다. 독일 총독의 관저로 지은 화려한 건물은 후에 마오쩌둥이 휴가를 보낸 곳이기도 하다. 4층으로 되어 있는 건물 내부의 화려한 인테리어와 마오쩌둥의 자취도 볼거리지만, 과자의 성이 생각나는 독특한 건물 외관이 독특하다.

◉ 천주교당과 기독교당

칭다오의 천주교 성당과 개신교 교회 모두 독일인의 손으로 지어졌다. 천주교당은 중국 내에서도 손꼽히는 규모를 자랑하며 오랫동안 칭다오에서 가장 높은 건물이기도 했다.

웅장한 천주교 성당과 달리 파스텔톤의 아담한 기독교당은 중세 성곽의 양식을 하고 있다. 성당과 교회 모두 문화 대혁명 기간에 훼손되었다가 이후에 복원했으며, 두 곳 모두 미사와 예배를 볼 수도 있다.

천주교당 기독교당

소어산 공원 전망

▶ 소어산 공원과 신호산 공원

소어산 공원과 신호산 공원은 칭다오 시내의 유럽식 건축물을 한눈에 담을 수 있는 좋은 장소다. 공원에 오르면 붉은 지붕의 유럽식 건축물이 내려다보이는 전망대 역할을 하고 있다.

소어산 공원은 오래전 어민들이 생선과 그물을 말리던 언덕이었는데, 공원을 조성하면서 정상에 란차오거覽潮閣라는 누각을 지었다. 신호산 공원은 항구에 입항하는 배에 신호를 보내는 전파 탑이 있던 곳이다. 서로 다른 매력이 있지만 신시가와 구시가 사이에 있는 소어산 공원은 해변의 풍경까지 볼 수 있어 소어산 공원에서 보는 전경이 더 좋다는 평이 있다.

신호산 공원 전망

▶ 화석루

독일인이 지은 건물은 아니지만 영빈관과 함께 칭다오를 대표하는 서양식 건물이다. 러시아 귀족의 개인 별장으로 지어진 화석루는 해변 산책로와도 가까우며, 팔대관 풍경구를 산책하며 찾아볼 수 있다.

 문화 대혁명

1966년부터 1976년까지 중국 정권에 의해 진행된 문화 대혁명은 2000년 전 진시황에 의해 모든 유교 서적을 불태운 분서갱유의 현대판이라고 할 수 있다. 낡은 관습, 사상, 문화를 타파하고 새로운 사회주의 문화를 창조하자는 것이 취지였지만, 이 기간 중 수천 년의 역사를 간직한 문화유산이 훼손되었다. 만약 문화 혁명의 10년이 없었다면 문화는 물론 정치, 경제까지 중국의 발전이 보다 빨라졌을 것이라 한다.

칭다오 맥주 이야기

칭다오 맥주는 1897년 칭다오 지방을 조차한 독일군이 독일 맥주 생산 기술과 라오산 지방의 맑은 광천수를 이용해 맥주를 생산히면서 탄생했다. 1903년 본격적인 대량 생산이 시작되었고, 1906년 독일 뮌헨 국제 맥주 엑스포에서 금메달을 수상한 이래 7번의 국제 대회에서 금메달을 수상하기도 해 국제적인 인지도를 높이고 있다. 칭다오 현지에서는 우리나라에서 볼 수 없는 칭다오 맥주도 만날 수 있으니 본고장에서 다양한 칭다오 맥주를 즐겨 보자.

칭다오
맥주의 종류

◈ 아오구터 奥古特 Augerta

칭다오 맥주 100주년을 기념해 발표된 맥주로, 1903년 칭다오 맥주 설립 당시 양조 책임자였던 독일인 오거타 (Hans Christian Augerta)의 이름에서 따온 브랜드다. 고급스러운 패키지로 가격도 조금 비싸지만 알코올 도수 4.7%에 드라이한 맛을 강조한 프리미엄 맥주다.

◈ 춘셩 純生

1999년 프리미엄 맥주로 생산되어 큰 인기를 얻고 있다. 저온 생산 방법으로 생맥주의 맛을 살려 다른 맥주에 비해 더 청량하고 부드러운 맛이다. 젊은 여성들에게 특히 인기가 많다. 알코올 도수 3.1%로 가장 부담 없이 마실 수 있다.

◈ 헤이피 黑啤

알코올 도수 6.7%의 일반적인 스타우트에 비해도 도수가 높은 흑맥주다. 도수가 강하면서도 단맛과 진한 초콜릿향이 나기도 한다. 칭다오에서 출시하는 흑맥주는 스타우트 외에 대추향을 가미한 중국식 흑맥주인 헤이피 자오웨이黑酒枣味도 있다.

◈ 칭다오 피지우 青島啤酒

칭다오 맥주 공장에서 생산된 일반 칭다오 맥주. 제 1공장의 맥주가 좀 더 쌉쌀한 맛이 나고, 제 4공장에서 생산된 맥주가 제 1공장의 맥주보다 맛이 연한 편이다. 2014년에 출시된 징디엔经典이라는 맥주도 있다. 캐나다와 호주에서 공수한 양질의 원료와 차별화된 로스팅 기술로 맥아 특유의 향을 살렸다고 한다.

현지에서 맛볼 수 있는 칭다오 맥주

> 칭다오 맥주 원액, 위엔짱 맥주 原浆啤酒

칭다오 맥주 박물관 앞과 운소로의 일부 음식점에서는 칭다오 맥주의 원액이라 부르는 위엔짱 맥주原浆啤酒를 판매한다. 유통기한이 짧은 만큼 신선한 맛을 자랑하지만, 일반적으로 판매하는 병이나 캔에 든 칭다오 맥주와 비교했을 때 청량감은 부족한 편이다. 하지만 칭다오 현지에서만 맛볼 수 있으니 현지에 갔다면 한번 경험해 보는 것이 좋다.

맥주 박물관 앞의 주류 매장에서는 위엔짱 맥주의 보존 기한을 조금 더 늘려 1L 통에 담아 판매를 하고 있다.

위엔짱 맥주

가격 맥주 박물관 앞 1L 위엔짱 맥주 45~50元, 운소로 미식 거리 위엔짱 맥주(생맥주) 1,250mL 30~35元

운소로 위엔짱 맥주

1L 위엔짱 맥주

❯ 봉지에 담아 먹는 맥주

10여 년 전까지만 해도 칭다오 시내에서 커다란 봉지에 맥주를 담아 다니는 사람들이 많았다. 지금은 캔맥주와 병맥주가 대부분이지만 당시에는 맥주를 봉지에 담아서 판매를 했다. 지금도 시내를 벗어나면 봉지에 담아 파는 곳들이 있기는 하지만 여행자들이 흔히 찾아가는 곳은 아니다. 맥주 박물관 앞의 주류 매장에서는 당시의 추억을 살려 지금도 봉지에 담아 빨대를 꽂아서 판매하고 있다.

가격 봉지 맥주 500mL 10元

🍺 중국에 흔치 않은 시원한 맥주

중국에서는 맥주를 상온으로 보관하고 마시는 경우가 많다. 음식점에서 맥주를 주문하면 미지근한 맥주가 나오는 경우가 많고, 허름한 현지인 식당 중에는 맥주나 음료 보관용 냉장고가 아예 없는 경우도 있다. 편의점에서도 맥주는 상온에 보관하는 경우가 많기 때문에 숙소에서 시원한 맥주를 마시기 위해서는 숙소에 들어와서 맥주병에 물을 살짝 묻히고, 냉장고에 넣으면 조금 더 빨리 시원해진다. 음식점에서는 맥주를 주문할 때 삐쥬啤酒 (맥주) 삥氷 (시원한)이라 말하면, 시원한 맥주가 있을 경우 시원한 맥주를 가져다 준다.

칭다오에서 맥주 사 오기

마트에 가면 캔과 병, 심지어는 5L 케그까지 다양한 칭다오 맥주를 만날 수 있다. 기념품으로 사고 싶지만 기내 수하물 규정상 액체류는 수하물로 보내야 하는데, 수하물 무게도 한정되어 있다. 우리나라에는 없는 칭다오 맥주의 다양한 브랜드를 여러 개 사고 싶다면 비행기 탑승 직전 면세 구역에서 구입하는 것이 좋다. 마트와 비슷한 가격으로 판매하며 들기 편한 박스 포장도 있고, 앞서 소개한 다양한 칭다오 맥주 브랜드를 모두 만날 수 있다. 공항 내 식당에서는 아시아나 항공의 라운지 입장권을 맥수와 교환해 주기도 한다.

마트의 맥주 코너

공항 면세 구역의 맥주 코너

🍺 맥주 축제

1991년 시작한 칭다오 국제 맥주 축제는 매년 8월 둘째 주에 개막한다. 칭다오 맥주로 유명한 칭다오의 대표적인 축제라 할 수 있는데 16일 동안 계속되고, 축제 기간 동안 세계 각국의 맥주를 맛볼 수 있다.

칭다오의 **맛**

'양꼬치엔 칭다오'라는 유행어가 있지만 삼면이 바다로 둘러싸인 산둥반도 칭다오의 대표적인 먹거리는 해산물이다. 신선한 칭다오의 해산물을 맛보는 방법을 알아보자.

생선 물만두, 어수교
魚水饺 [위수이찌아오]
또는 魚饺 [위찌아오]

만두의 기원은 삼국지의 제갈공명이 남만을 정벌하고 돌아오면서 풍랑이 심해 강을 건널 수 없을 때 사람의 머리를 제물로 바쳐야 한다는 이야기를 듣고, 더 이상의 인명 피해를 막고자 밀가루 반죽에 고기와 야채를 섞은 소를 넣은 것을 공물로 바쳤다는 데서 시작한다. 그것을 남만족의 머리를 뜻하는 만두蠻頭 또는 속이는 머리라는 뜻의 만두瞞頭라 하다가 '蠻, 瞞(만)' 글자가 음식 이름으로 적합하지 않다 하여 만두饅頭라 했다 한다. 현대 중국에서의 만두는 속은 거의 없고 밀가루 반죽만 있는 것을 뜻하기 때문에 칭다오의 유명한 만두를 먹기 위해 만두饅头[만터우]를 주문하면 전혀 다른 음식을 먹게 된다. 우리나라의 만두와 비슷한 것은 교자餃子[찌아오쯔]와 포자包子[빠오쯔]이며, 칭다오의 명물은 교자, 특히 생선이 들어간 물만두인 어수교魚水饺[위수이찌아오]다. 물만두이기는 하지만 우리나라에서 먹는 물만두와는 다르게, 쪄서 나온다.

➤ 삼치 물만두 鲅鱼水饺 [빠위 수이찌아오]

칭다오 근해에서 가장 많이 잡히는 생선 중 하나인 삼치를 소로 넣은 만두이다. 다진 생선과 부추를 기본으로 한다. 최근 중국의 다른 지역에서도 삼치 물만두를 파는 곳들이 있지만 칭다오가 삼치 물만두의 원조다. 생선의 비린내가 전혀 없는 것은 아니기 때문에 간장 또는 고추기름 등을 적절히 찍어 먹는 것이 좋다.

➤ 가리비 만두 扇贝水饺 [샨뻬이 수이지아오]

삼치 외에도 다양한 생선이 들어가는 물만두가 있지만 맛의 차이가 크지는 않은 편이니 다른 해산물을 원한다면 생선이 아닌 해산물 메뉴를 주문하는 것도 좋다. 대하 물만두大虾仁水饺 [따샤런 수이지아오], 전복 만두鲍鱼水饺 [빠오위 수이지아오] 등도 있다.

➤ 삼선 물만두 三鲜水饺 [샨시엔 수이지아오]

생선이 들어간 칭다오의 명물인 물만두가 비리지 않을까 걱정이 된다면 일반적으로 생각하는 만두의 속이 들어간 삼선 물만두를 선택하는 것도 좋은 방법이다. 돼지고기와 새우, 배추 등이 들어간다.

🏔 물만두 주문 시 참고할 것

❶ 상점과 메뉴에 따라 가격은 다르지만 보통 20~30元 정도이다.

❷ 1인분도 양이 상당히 많은 편이다. 2명이 여행한다면 만두 1인분, 사이드 메뉴 1인분을 주문하고, 혼자 여행한다면 만두 1인분만 주문하거나 전채 메뉴를 주문하는 것도 좋다.

❸ 상점에 따라 다양한 물만두를 맛볼 수 있는 모듬 메뉴가 있다. 전가부수교全家福水饺 [Quánjiāfú Shuǐjiǎo]를 주문하면 된다.

칭다오의 해산물, 바지락
蛤蜊 [꺼리]

삼면이 바다로 둘러싸인 산동 반도의 칭다오는 해산물을 이용하는 요리가 많다. 특히, 현지인들이 칭다오 맥주와 가장 즐겨 먹는 안주는 바지락이다. 바지락볶음은 맵게 먹기도 하고, 간을 거의 하지 않고 삶기만 해서 먹기도 한다. 약간의 굴 소스로 바지락 본연의 맛을 살려 요리하는 방법도 인기가 있다.

해산물을 재료로 이용하는 음식이 많다 보니 중국의 다른 지역의 음식점과는 조금 다른 방법으로 주문을 하는데, 우리나라 바닷가의 횟집처럼 식재료를 직접 보면서 골라 주문을 한다.

음식의 사진과 모형이 있어 어떤 식재료가 들어가는지 보여 주기도 하므로 주문 시 참고할 수 있다.

음식 주문은 자리에 앉아서 메뉴판으로 할 수도 있지만, 담당 서빙 직원과 함께 사진, 모형을 보면서 주문할 수도 있다. 칭다오의 중국 음식점 직원들은 대부분 무선 포스로 주문을 받는다.

양꼬치
羊肉串

중국 현지인들은 보통 맥주와 함께 바지락을 먹는다고 하지만 우리나라 여행자들에게는 '칭다오 맥주에는 양꼬치'가 공식처럼 돼 버렸다. 최근에는 환경 관련 법률 등이 개정되면서 길거리에서 꼬치를 파는 곳을 쉽게 찾아볼 수는 없는데, 여행 중 양꼬치를 먹기 가장 좋은 곳은 운소로 미식 거리다. 꼬치의 한자는 우리나라식 한자로는 串[추안]이다. 꼬치의 한자를 기억해 둔다면 운소로 미식 거리 외에도 여러 식당에서 양꼬치를 맛볼 수 있다.

꼬치라는 간판이 없더라도 양꼬치 만큼 현지인들이 좋아하는 양넓적다리羊腿[양투이] 간판이 보인다면 양꼬치를 판매할 확률이 높다. 양꼬치를 팔 것 같지 않은 곳이라도 메뉴판에 구이烧烤[사오카외]가 있거나 단위로 /꼬치串가 있다면 역시 양꼬치를 주문할 수 있는 경우가 많다.

실내에 화로가 있더라도 우리나라처럼 직접 구워 먹는 곳은 거의 없고, 대부분 외부 또는 주방에서 구워서 서빙해 나온다. 화로는 초벌해서 구워 나온 양넓적다리를 먹는 도중 식지 않게 약한 불로 덥히는 용도로 사용된다.

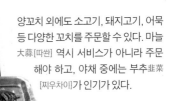

양꼬치 외에도 소고기, 돼지고기, 어묵 등 다양한 꼬치를 주문할 수 있다. 마늘 大蒜[따쏸] 역시 서비스가 아니라 주문해야 하고, 야채 중에는 부추韭菜[찌우차이]가 인기가 있다.

중국 음식점에서 메뉴판 읽기

중국어를 못해도 여행을 하는 데 큰 불편함은 없다. 메뉴판이 사진으로 되어 있는 곳도 많고, 칭다오에서 많이 가는 운소로의 중국 음식점들은 대부분 사진과 식재료, 모형 등을 보면서 주문할 수 있다. 하지만 메뉴판에 사진 한 장 없고, 한문만 가득한 음식점도 있다. 한문이 익숙하지 않더라도 기본적인 한자를 익혀 두면 원하는 음식이나 원하는 음식과 최대한 비슷한 음식을 주문할 수 있다.

음식 재료 한자 읽기

육류 肉	鸭子 / 鸭 [야쯔, 야]	오리고기	猫肉 [마오러우]	식용 고양이고기
	鸡肉 / 鸡 [지러우, 지]	닭고기	香肉 [시앙러우]	식용 개고기
	牛 [뉴]	소고기	鸽肉 [꺼러우]	비둘기고기
	羊 [양]	양고기	青蛙肉 [칭와러우]	개구리고기
	肉 [러우] 猪 [주]	돼지고기		
부위별	소 牛	排骨 [파이꾸]	갈비	肩肉 [지엔러우]	앞다리살
		外脊 [와이지]	등심	牛小肠 [뉴시아오창]	소곱창
		里脊 [리지]	안심	大肠 [따창]	대창
		脖肉 [보러우]	목심	牛舌 [뉴서]	우설(혀)
	돼지 肉/猪	五花肉 [우화러우]	삼겹살	横膈膜肉 [헝꺼모러우]	갈매기살
		肋条 [레이티아오]	갈비	猪蹄 [주티]	돼지 족
		牛里脊 [뉴리지]	안심	猪肝 [주깐]	돼지간
		里脊 [리지]	등심	猪大肠 [주따창]	돼지곱창
	닭 鸡	全鸡 [취안지]	닭 한 마리	鸡肝 [지깐]	닭간
		鸡翅 [지츠]	닭날개	砂肝 [샤깐]	닭똥집
		鸡脯肉 [지푸러우]	닭가슴살		
야채 蔬菜		香菜 [시앙차이]	고수나물	土豆 [투더우]	감자
		韭菜 [지우차이]	부추	胡萝卜 [후뤄뽀]	당근
		葱 [총]	파	玉米 [위미]	옥수수
		洋葱 [양총]	양파	辣椒 [라찌아오]	고추
		大蒜 [따쏸]	마늘	南瓜 [난꽈]	호박
		白菜 [빠이차이]	배추	茄子 [치에쯔]	가지
		芹菜 [친차이]	샐러리	黄瓜 [황꽈]	오이
		萝卜 [뤄뽀]	무	西红柿 [시훙스]	토마토
해산물 海鲜		蛤蜊 [꺼리]	조개	海参 [하이션]	해삼
		生蚝 [성하오]	굴	紫菜 [쯔차이]	김
		海虹 [하이훙]	홍합	魚翅 [위츠]	상어 지느러미(삭스핀)
		中虾 [쭝샤]	새우	青花鱼 [칭화위]	고등어

해산물 海鲜	明虾 [밍샤]	참새우	带鱼 [따이위]	갈치
	虾仁 [샤런]	중새우	秋刀鱼 [치우따오위]	꽁치
	鲍鱼 [빠오위]	전복	鳀鱼 [티위]	멸치
	干鲍 [깐빠오]	말린 전복		

조리방법 한자 읽기

		炒饭 [차오판]	볶음밥
기름油으로 조리	炒 [chǎo] 기름에 볶다.	蛋炒饭 [딴차오판]	계란볶음밥
		炒鸡肉 [차오지러우]	닭볶음
		炒虾仁 [차오샤런]	새우볶음
	煎 [jiān] 기름에 지지다, 부치다.	煎鸡蛋 [지엔지딴]	계란프라이
	炸 [zhà] 기름에 튀기다, 데치다.	炸饺子 [자찌아오쯔]	만두튀김
		炸乌贼 [자우쩨이]	오징어튀김
		炸酱面 [자지앙멘]	춘장을 볶은 면, 짜장면
	爆 [bào] 기름에 볶다. 炒보다 강한 불로 빠르게 조리.	酱爆鸡丁 [지앙빠오지띵]	닭고기 짜장볶음
물水로 조리	煮 [zhǔ] 삶다.	煮鸡蛋 [주지딴]	삶은 계란
		水煮牛肉 [수이주뉴러우]	소고기탕 (사천 요리 중 하나, 맵 고 찜 요리에 가까움)
		卤煮火烧 [루주훠샤오]	내장탕 (베이징 요리 중 하나, 소 나 돼지 내장 사용)
	蒸 [zhēng] 찌다. **清蒸 간을 중국인 기준, 최소로 하는 찜 요리	清蒸鲍鱼 [칭정빠오위]	전복찜
		蒸鸡蛋 [정지딴]	계란찜
		清蒸大蛤 [칭정따하]	대합찜
	烹 [pēng] 튀기고 삶다.	乾烹鸡 [깐펑지]	깐풍기 (바짝 튀기고 조린 요리)
		炸烹大虾 [자펑따샤]	새우무침
	炖 [Dùn] 오래 삶다. 조리다. 약한 불 로 오랫동안 찌다.	土豆炖豆角 [투더우뚠더우찌아오]	감자 콩조림
		炖排骨 [뚠파이꾸]	돼지갈비찜
기타	烧 [shāo] 기름에 볶은 후 졸이다. **红烧라고도 함	红烧黄鱼 [훙샤오황위]	조기조림
		葱烧海参 [총샤오하이선]	파와 해삼을 볶은 요리 (상해의 유명한 요리)
	溜 [liū] 재료를 익히고 전분을 넣어 걸쭉하게 한다.	溜三丝 [류싼쓰]	류산슬 (세 가지 재료ㄹ를 가늘게絲)
	串 [Chuàn] 꼬치 요리	羊肉串 [양러우추안]	양꼬치

칭다오 쇼핑 어디서 할까?

보통 여행 중 쇼핑은 출국 전후에 여러모로 편리한 면세점을 이용하는 경우가 많다. 출국 전 인터넷 면세점 쇼핑은 금액적인 이득이 가장 크고, 귀국 전 면세점 쇼핑은 짐에 대한 부담을 줄일 수 있어서 좋다. 하지만 여행지를 돌아다니며 직접 보고 맛보는 것도 여행의 소소한 재미이니, 여행지의 추억이 담긴 물건들을 맘껏 구경하고 적당히 쇼핑도 즐기자.

**출국 전
면세점 쇼핑**

● 항공 요금만큼 할인받을 수 있는 인터넷 면세 쇼핑

공항 면세점, 시내 면세점을 이용하면 회원 등급이 높더라도 할인받는
폭이 크지 않다. 하지만 인터넷 면세점을 이용하면 로그인만 하면 주는
적립금과 다양한 이벤트를 이용해 15~20% 이상 저렴하게 면세점 쇼
핑을 즐길 수 있다. 항공 요금이 10만 원대 전후이니 면세점 쇼핑만 잘
해도 항공 요금은 건지는 셈이다.

• 신규로 진출한 면세점일수록 할인이나 이벤트가 많다.
• 매주 일정 기간만 사용할 수 있는 적립금을 주며, 구매액의 15~30%
  정도까지 사용할 수 있다.
• 면세품 구입은 한 번에 하지 않고, 적립금을 사용할 수 있는 한도만큼
  여러 번에 나눠서 구입한다.
• 면세품 구입 한도는 $3,000이지만 국내로 다시 들어올 때는 $600
  까지만 세관을 통과할 수 있으니 고가 제품을 구입한다면, 귀국 시 반
  드시 세관 신고를 해야 한다.

**귀국 전
칭다오 공항
면세점 쇼핑**

● 인기 쇼핑 품목은 칭다오 맥주

칭다오 공항에 있는 면세점에서 가장
인기 있는 쇼핑 품목은 칭다오 맥주
다. 칭다오 맥주 중에서 흑맥주처럼
우리나라에서 쉽게 찾아볼 수 없는
맥주를 시내에서 구입하면 위탁 수
하물로 보내야 한다. 위탁 수하물의

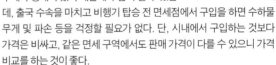

맥주 모양 미니 초콜릿

무게가 정해져 있기 때문에 부담이 될 수 있는
데, 출국 수속을 마치고 비행기 탑승 전 면세점에서 구입을 하면 수하물
무게 및 파손 등을 걱정할 필요가 없다. 단, 시내에서 구입하는 것보다
가격은 비싸고, 같은 면세 구역에서도 판매 가격이 다를 수 있으니 가격
비교를 하는 것이 좋다.
맥주 외에도 고량주와 라오산 녹차, 맥주 박물관의 인기 기념품인 미니
맥주 상자에 든 맥주 모양 초콜릿도 공항 면세점에서 구입할 수 있다.

샤오미 매장 실내

전자 제품 매장

● 정품 매장에서 구입하는 것을 추천

중국 하면 떠오르는 생활 가전 브랜드 샤오미의 체험형 매장이 2016년 칭다오 시내에 오픈했다. 샤오미의 대표 제품인 보조 배터리는 공항에서 1인 2개 이상인 경우 반입이 되지 않을 수도 있기 때문에 주의해야 한다. 보조 배터리 외에도 멀티탭, 로봇 인형, 액션캠과 셀카봉 등을 구입할 수 있다. 혹시 샤오미의 휴대전화를 구입할 예정이라면 차이나유니콤中国联通 4G 지원 제품을 구입해야 우리나라에서도 사용할 수 있다. 샤오미 공식 매장은 칭다오 CBD 완다 광장 1층에 있다. 여행자들이 많이 가는 곳은 아니지만 5·4 광장에서 지하철로 세 정거장 거리에 있어 쉽게 찾아갈 수 있고, 쇼핑몰에 샤오미 매장뿐 아니라 다양한 볼거리와 먹을거리가 있다. 샤오미 외에도 타이둥 시장과 청양에 있는 미니소(P.129)도 보조 배터리, 키보드 등 샤오미 제품과 비슷한 전자 제품을 구입하기 좋은 곳이다.

'칭다오 샤오미 매장'이 각인된 보조 배터리는 전시용이다.

칭다오 샤오미 매장

주소 市北区 延吉路 116号 CBD 万达广场 一层 1F
위치 CBD 완다 광장 1층 / 지하철 3호선 돈화로(敦化路) 역 D 출구에서 도보 5분
전화 0532-8091-6225
시간 10:00~22:00

샤오미 매장 외관

미니소의 전자 제품

지모루 시장

▶ 모조품뿐 아니라 여행 기념품을 구입하기도 좋은 곳

짝퉁 시장으로 유명한 지모루 시장. 지적재산권을 침해한 물품은 원칙적으로 통관을 불허하지만, 여행자의 경우 아래와 같은 관계 법령에 따라 품목당 1개, 전체 2개를 초과하지 않고, 비상업적인 목적(개인이 사용하기 위한)이라면 반입을 허용한다. 품목당 1개, 전체 2개 이상을 반입하는 경우 벌금을 내야 하는 경우도 있으니 주의하도록 하자.

지모루 시장에서 모조품 외에도 여행 기념품을 저렴하게 구입할 수 있고, 진주와 같은 주얼리 제품은 저렴한 가격에 품질도 좋은 편이다.

지적재산권 보호를 위한 수출입통관 사무 처리에 관한 고시 (시행 2014.5.20) 제3조(적용의 배제) ① 「관세법 시행령」(이하 "영"이라 한다) 제243조에 따라 법 제235조 제1항의 적용이 배제되는 물품은 품목당 1개, 전체 2개에 한한다.

칭다오 3대 야시장

칭다오 시내의 타이동 야시장, 교민들이 많이 거주하는 공항 인근의 청양 야시장, 공항과 시내 중간의 이촌 야시장을 칭다오의 3대 야시장이라 부른다. 하지만 대부분의 여행자들은 야시장에 쇼핑을 하러 가기보다는 현지 시장의 분위기를 구경하고, 길거리 음식을 맛보기 위해 가는 경우가 많다. 야시장에서는 의류나 신발, 전자 제품 등을 비교적 저렴하게 판매하고 있는데 시장 물건임을 고려해서 살펴보고, 소소한 여행 선물이나 기념품을 구입하는 정도가 좋다.

백화점, 패션 브랜드

유니클로, 자라, H&M 등의 패스트패션 브랜드나 백화점에 있는 명품 브랜드는 칭다오 여행 중 특별한 일이 없다면 구입하지 않는 것이 낫다. 패션 브랜드뿐 아니라 외국에서 들어온 대부분의 브랜드는 우리나라보다 비싸게 판매되고 있다.

대형 마트, 편의점

신시가의 까르푸는 공항버스 정류장에서 가깝기 때문에 공항으로 가기 직전 선물용 간식을 사기 좋은 곳이다. 넓은 매장을 둘러보는 시간과 계산을 위해 기다리는 시간도 상당하기 때문에 구입하는 것이 많지 않다면 편의점에서 구입하는 것도 좋은 방법이다. 칭다오 캔맥주를 기준으로 했을 때 대형 마트와 편의점의 판매 가격은 1개에 1元(약 160원)도 차이가 나지 않는다. 대형 마트와 편의점의 인기 아이템은 책 앞부분의 미리 만나는 칭다오 파트(p.027)에서 확인하자.

맥주 박물관

우전박물관
공식 머그

관광지 기념품 매장

칭다오 맥주 박물관, 극지해양세계, 칭다오 우전 박물관, 올림픽 요트 박물관 등 일부 관광지 내에는 기념품 상점이 있고, 소어산 공원이나 칭다오 천주교당, 신호산 공원과 같은 곳에는 입구에 기념품 상점이 있다. 여행 기념품으로 인기 있는 냉장고 자석은 공항에 파는 곳이 없으니 관광지에서 구입하는 것이 좋고, 1개에 15元(약 2,400원) 정도이다. 우전 박물관 공식 머그는 50元(약 8,000원)이다.

우전 박물관

극지해양세계

여행 정보

여행 준비

여권 발급

여권은 우리나라 국민이 국외로 나가기 위해서 있어야 하는 출입국 증빙 서류이며, 외국에서 신분증으로 이용할 수 있다. 여권이 없으면 어떠한 경우에도 출국할 수 없으며, 여권을 분실하거나 소실하였을 경우에는 명의인이 신고하여 재발급받아야 한다. 여권은 예외적인 경우(의전상 필요한 경우, 질병·장애의 경우, 18세 미만 미성년자)를 제외하고는 본인이 직접 방문해서 신청해야 한다.

여권 발급 서류는 신분증과 여권용 사진이 필요하며, 25세~37세의 병역 미필 남성은 병무청에서 발급하는 국외 여행 허가서가 필요하다. 미성년자의 경우 친권자, 후견인 등 법정 대리인의 동의서가 필요하다. 여권 발급은 구청과 도청, 시청에서 가능하며 자세한 사항은 외교부 사이트에서 확인할 수 있다.

여권의 영문 이름이 항공권, 중국비자와 다를 경우 비행기 탑승이 안 되고, 중국 입국 심사에 문제가 생길 수 있기 때문에 여권의 영문 철자는 반드시 기억해야 한다. 또한 단수 여권(여권 번호 S로 시작)은 유효 기간 중 1회만 사용할 수 있으며, 복수 여권(여권 번호 M으로 시작)은 유효 기간 중 횟수에 상관 없이 이용할 수 있다.

여권 발급에 소요되는 시간은 신청하는 곳에 따라 다르지만 대부분 업무일 기준 4일 정도이다. 칭다오 여행에는 중국 비자를 발급하는 시간도 필요하기 때문에 보다 여유 있게 여권을 발급해 두는 것이 좋다.

외교부 여권 안내 www.passport.go.kr

비자 발급

비자는 중국의 법률과 법규에 근거해서 외국인의 중국 입국을 허가하는 서류이다. 때문에 중국 여행을 위해서는 비자를 발급받아야 한다. 중국을 경유(스톱오버)해서 외국으로 가는 경우라면 72시간 무비자 입국이 가능하지만, 일반적인 여행이라면 반드시 발급받아야 한다. 대부분 관광 비자를 이용하지만, 방문 목적 및 신청하는 사람에 따라 비자의 종류가 다양하기 때문에 자신에게 맞는 비자를 신청해야 한다. 또한 동일한 출입국 일정으로 5인 이상이 여행하면 일반 비자보다 저렴한 별지 비자(단체비자)를 신청할 수도 있다.

❯ 중국 비자 신청 센터

명동에 있는 중국 대사관에서 비자 업무를 중국 비자 신청 센터에 위탁했다. 개인이 직접 신청할 수도 있지만 본인이 방문해야 하고, 초청장 등의 서류도 직접 준비해야 한다. 가장 저렴하게 신청하는 방법이기는 하지만, 서류 준비를 위한 수고를 감수해야 한다.

주소 서울시 중구 한강대로 416 서울스퀘어 6층
전화 1670-1888

❯ 비자 대행 여행사

중국 대사관에서 승인받은 일부 여행사가 비자 대행을 할 수 있으며, 우리나라의 대부분의 여행사가 이곳을 통해 비자 대행 업무를 진행한다. 중국 비자 신청 센터를 이용하는 것에서 수수료가 1~2만 원 더해지기는 하지만, 시간과 교통비 그리고 초청장 작성 등을 준비하는 것을 생각하면 여행사를 통해 신청하는 것이 합리적이다.

보스투어클럽(세상의 모든 비자)
주소 서울시 중구 소공로 3길 25 전화 02-737-4450

❯ 개인 비자 – 1인 신청

1회만 중국에 입국할 수 있는 관광 비자(L)와 유효 기간 중 이용할 횟수에 상관없이 중국 입국이 가능한 상용 비자(M) 중 선택할 수 있다. 연간 3회 이상 중국 여행을 할 계획이라면 상용 비자를 이용하는 것이 유리하며, 관광 비자와 상용 비자 모두 체류 기간 30일 또는 90일로 선택할 수 있다.

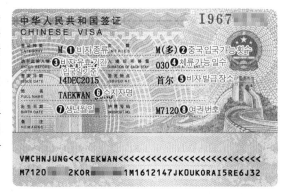

비자 종류	3박 4일	1박 2일	당일 급행	구비 서류
관광(L) 체류 30일	55,000원	89,000원	110,000원	여권, 사진 1매
관광(L) 더블 체류 30일 2회	73,000원	107,000원	128,000원	여권, 사진 1매
상용(M) 6개월, 체류 30일	90,000원	124,000원	145,000원	여권, 사진 1매, 재직 증명서
상용(M) 12개월, 체류 30일	120,000원	154,000원	175,000원	여권, 사진 1매, 재직 증명서

* 여권은 유효 기간이 6개월 이상이어야 하며, 표에 명시된 요금은 서류 대행비가 포함된 금액이다.

❯ 별지 비자 – 5인 이상(동일 일정 신청)

주로 단체, 패키지 여행객들이 많이 이용하는 것으로 여권에 스티커를 붙여 주는 비자와 달리 A4 용지에 입국 허가와 명단을 프린트해 준다. 5인 이상부터 함께 사용할 수 있으며, 개인 비자보다 저렴한 장점이 있지만 별지 비자의 명단에 있는 인원이 항상 함께 중국에 입국, 출국을 해야 하며, 분실의 위험도 있으니 주의해야 한다.

개인 비자 발급과 동일하게 여행사 또는 비자 신청 센터를 이용해서 발급받을 수 있다. 단, 개인 비자 발급을 위한 준비 서류와 달리 여권 원본이 아닌 복사본과 여행 일정만 준비하면 별지 비자를 발급받을 수 있다. 발급비용은 45,000원이다.

별지 비자 이용 방법

1. 별지 비자를 신청하고 15일 이내에 중국에 입국해야 하며, 30일까지 체류 가능하다.
2. 우리나라에서 탑승 수속할 때 여권과 비자 원본을 보여 주고, 이후 비자를 돌려받고 휴대한다.
3. 중국 입국 심사대에서 별지 비자의 명단의 순서에 맞춰 줄을 선다.
4. 별지 비자의 대표자(명단의 첫 번째)가 별지 비자 원본과 사본을 심사관에게 제출한다.
5. 명단의 마지막 사람이 입국 심사 도장이 찍힌 원본만 돌려받는다.
6. 중국 출국 시에도 입국과 마찬가지로 명단의 순서에 맞춰 줄을 선다.
7. 별지 비자의 대표자(명단의 첫 번째)가 별지 비자 원본을 심사관에게 제출한다.
8. 별지 비자의 명단 순서대로 출국 심사를 하고 원본을 제출하면 심사가 끝난다.

칭타오 공항

항공권 준비

중국에서 가장 많은 한국 교민이 거주하고 있는 칭다오의 항공권은 우리나라의 공휴일은 물론, 중국의 공휴일과 휴가 기간에도 영향을 받는다. 대한항공과 아시아나항공 외에 저가 항공사와 중국의 항공사들이 운항하고 있으며, 2~3개월 전 예약 시 특가 판매도 많이 하고 있기 때문에 항공권 비교 사이트를 통해 선박을 이용하는 것보다 저렴하게 구입할 수도 있다. 저가 항공사의 경우 무료 수하물이 5~8kg 정도 적기 때문에 짐이 많거나 여행 선물을 많이 구입할 경우에는 구입할 때 요금 차이가 적다면 무료 수하물이 많은 항공사를 선택하는 것이 좋다. 저가 항공사의 경우는 홈페이지에서 직접 구입하는 게 저렴한 편이며, 6개월 이상 전부터 특가 판매 이벤트를 진행하기도 한다.

할인 항공권 취급 여행사
온라인투어 onlinetour.co.kr
현대카드 PRIVIA 여행 www.priviatravel.com
스카이스캐너 skyscanner.co.kr

저가 항공사
제주항공 www.jejuair.net
티웨이항공 www.twayair.com
에어부산 www.airbusan.com

숙소 예약

항공권 예약이 확정되면 여행 일정에 맞춰 숙소를 예약한다. 숙소는 호텔과 민박 중 선택할 수 있는데, 민박은 우리나라 교민들이 많이 거주하는 청양 지역에 많다. 청양은 공항에서 10분 거리이고, 민박에 따라 공항까지 송영을 해주는 경우도 있지만, 시내 이동에는 다소 불편함이 있다.

호텔 예약 사이트를 이용하는 경우 중국 여행사에서 운영하는 씨트립이 가장 많은 호텔과 다양한 특가 요금을 제공하는 편이고, 호텔스닷컴, 부킹닷컴과 같은 호텔 예약 전문 사이트도 있다. 영어나 중국어가 가능하다면 현지인의 집을 이용하는 에어비앤비를 통해서 숙소를 예약할 수도 있다.

씨트립 www.ctrip.co.kr
호텔스닷컴 www.hotels.com
부킹닷컴 www.booking.com
에어비엔비 www.airbnb.com

환전 및 신용카드 이용

현지의 레스토랑이나 카페, 대형 마트, 기념품 상점 등에서 대부분 신용카드 이용이 가능하지만 일부 음식점과 상점에서는 신용카드 이용이 제한적이니 현지에서 사용할 예산의 50% 이상을 현금으로 준비하는 것이 좋다. 공항의 환전 수수료가 가장 비싸기 때문에 환전하는 금액이 많은 경우는 시내의 은행에서 하는 것이 좋다. 여행사, 면세점 등에서 제공하는 환전 우대 쿠폰을 사용할 수도 있다. 또한 서울역에 있는 KB국민은행과 우리은행 환전 센터는 우대 쿠폰 없이도 환전 수수료를 90% 할인하고 있어 저렴하게 환전할 수 있다. 두 곳 모두 500만 원까지 환전이 가능하며, 대기 시간이 1시간 이상인 경우도 있으니 공항에 가면서 환전할 계획이라면 보다 여유 있게 이동하는 것이 좋다.

KB국민은행 서울역 환전 센터
시간 06:00~22:00 (연중무휴)
전화 02-393-9184
위치 서울역 지하 2층, 공항 철도 에스컬레이터 정면

우리은행 서울역 환전 센터
시간 06:00~22:00 (연중무휴)
전화 02-362-8399
위치 서울역 2층 매표소 옆

아니다. 소지품 도난의 경우도 소지품 1건당 최대 보험액이 정해져 있고, 현금은 보험 대상이 아니다. 여행자 보험은 인천 공항에서 가입할 수도 있지만, 미리 가입하는 것에 비해 20~30% 보험료가 비싼 편이다.

여행자 보험

여행자 보험은 여행 시 발생한 사고에 대해 보상을 받기 위한 최소한의 조치. 여행사의 여행 상품을 이용하는 경우 포함되어 있는 경우가 많지만, 항공권과 숙소를 개별적으로 예약하는 경우는 별도로 가입해야 한다. 1주일 이내의 여행이라면 1만 원 미만의 보험료로 최대 5천만 원에서 1억 원까지 보상을 받을 수 있으며, 보험비는 연령에 따라 조금씩 차이가 있다. 또한 보험사에 따라 고연령자는 여행자 보험 가입이 안되거나, 비용이 2~3배 이상 차이가 날 수 있다.
현지에서 병원을 이용하거나 소지품을 도난 당하는 사고가 발생할 경우, 보험사에 연락해서 필요한 서류를 확인 후 발급해 와야 하고, 도난이 아닌 단순 분실의 경우는 여행자 보험의 보상 대상이

긴급 상황

여행 중 여권을 분실하거나 긴급한 상황이 발생했을 경우는 영사콜센터(+82-2-3210-0404)로 연락하자. 중국 도착 시 자동 로밍으로 위의 번호가 안내되기도 하니 저장해 두는 것이 좋으며, 현지의 테러나 자연재해 등에 대한 안내 문자를 발송한다. 영사콜센터 외에 칭다오에는 대한민국 총영사관이 있기 때문에 직접 방문할 수도 있다.

대한민국 총영사관
주소 青岛市 城阳区 春阳路 88号
위치 칭다오 시내에서 공항으로 가는 길에 위치, 시내에서 택시로 약 20분
연락처 +86-532-8897-6001, +86-136-0898-9617(근무 시간 외)
시간 09:00~17:30 (정오 휴식 12:00~13:30)

비행기에서 본 칭다오

항공사 카운터

스마트폰 활용하기

데이터 로밍을 하더라도 중국 현지에서 구글의 플레이스토어는 접속이 되지 않고, 애플의 앱스토어는 속도가 느리다. 때문에 여행 출발 전에 필요한 어플리케이션을 미리 다운받는 것이 좋다. 현지의 심카드를 이용하는 것이 아니라 데이터 로밍을 한다면 구글 지도를 비롯해 일부 구글 서비스 이용은 가능하지만, 기본적으로 중국 정부의 정책에 따라 구글 서비스를 제한하므로, '바이두 지도'를 다운받는 것이 좋다. 구글 문서 도구의 이용도 제한적이라 국내 포털 사이트 서비스를 이용하는 것이 좋다. 또한 칭다오 내의 치안은 좋은편이지만 분실을 대비해 중요한 데이터는 사전에 백업해 두는 것이 좋다.

바이두 지도 이용하기

중국의 현지 심카드를 이용하거나 에그(라우터)를 이용하지 않고, 무제한 데이터 로밍을 신청하면 구글 지도를 사용할 수 있지만, 중국 현지에서 보다 유용한 것은 바이두 지도다. 중국에서는 구글 플레이스토어 접속이 되지 않기 때문에 미리 바이두 지도를 받아 가는 것이 좋다. 애플 앱스토어는 중국에서도 이용 가능하다.

• 지도 화면에서 좌측 하단의 ❶ 버튼을 누르면 ❷와 같이 현재의 위치가 표시된다. 이동하는 방향까지 표시되기 때문에 보다 쉽게 이용할 수 있다.

• ❸을 누르면 오른쪽처럼 화면이 바뀐다. 출발지와 목적지를 정하면 이동 경로, 교통편(버스, 열차, 택시 등) 등을 알 수 있다.

❶ 출발지와 목적지는 중국어로 검색해야 한다. 인터넷으로 중국어 목적지를 검색 후 복사, 붙여넣기를 하는 방법과 출발지를 현재 위치로 설정하고, 목적지를 지도상에서 선택하는 방법이 있다.

🗺 地图选点

지도상에서 목적지를 선택하는 버튼이다. 출발지 또는 목적지 모두 설정 가능하다.

◎ 我的位置

GPS를 기반으로 현재 위치를 출발지로 지정하거나 목적지를 입력하는 버튼이다.

❷ 출발지와 목적지를 선택하고 검색하면 이동 방법이 표시된다. 상단의 메뉴에서 검색 조건을 변경할 수 있다. 검색 조건은 운전(驾车), 대중교통(公交), 도보(步行), 자전거(骑行)가 있다.

대중교통 선택 시 버스 노선 번호(321번, 501번, 304번), 이동 시간(1시간 14분), 정류장 수(24 정류장), 도보 이동 거리(995m)가 검색 결과에 표시된다.

❸ 검색 결과를 누르면 지도 경로가 표시되며, 확대하면 정확한 버스 정류장의 위치, 도보 이동 경로 등이 표시된다.

321路/501路/304路

❹ 검색 결과에서 운전(驾车)을 선택하면 지도와 함께 운전 경로가 나온다. 소요 시간(35분), 거리(16.21km) 등이 표시되고, 신호등의 개수(16개), 택시 이용시 비용(35元)이 나온다. 칭다오에서 운전을 하는 경우는 많지 않지만 택시를 이용하기 전에 택시비용을 예상할 수 있다.

바이두 번역 이용하기

언어가 통하지 않는다고 해서 여행이 크게 불편한 것은 아니지만 기본적인 인사말과 숫자 읽기 정도는 알고 가는 것이 좋다. 무제한 데이터 로밍을 이용한다면 구글이나 바이두의 번역 어플리케이션을 이용하는 것도 좋다. 약간의 오차가 있지만 한글 → 중국어, 중국어 → 영어 두 번 정도 번역해 보면 보다 정확하다.

- ❶에서 번역 언어 설정을 하고 ❷에 번역할 말을 입력하면 된다.
- 번역 결과가 나오고 ❸을 누르면 발음을 들을 수 있다. 화면을 보여 주는 것보다 발음을 들려 주는 것이 의사소통에더 도움이 되는 경우도 있다.

- ❹를 누르면 번역 결과만 크게 보여 주는 화면으로 바뀐다.
- ❺는 사진을 번역하는 기능으로 음식점에서 메뉴판을 번역할 수 있다.

❶에서 번역 언어 설정을 한다. 번역할 문장을 6줄 이하로 하는 것이 좋다는 안내(❷)가 있지만 조금 늘어나도 괜찮다. 촬영 버튼 위의 설정에서 ❸ Menu로 하고 촬영을 하면 오른쪽과 같이 메뉴판의 한문 위로 영어 번역이 나온다. 정확히 어떤 요리인지 파악하기는 어렵지만 재료와 간단한 요리의 특징은 알 수 있다.

위챗 이용하기

여행을 하면서 중국인 친구가 생기거나 현지에 거주하는 지인을 만난다면, 위챗 메신저를 설치하는 것이 좋다. 중국에서 가장 많은 사람이 이용하는 메신저로 총 등록자 수가 7억 명이 넘는다. 중국 내에서 이용하기에는 국내에서 많이 이용하는 카카오톡이나 라인보다 빠르고 안정적이다. 중국에서 개발하고, 서비스하는 어플리케이션이지만 한글 서비스도 잘 운영되고 있고, 홈페이지에서 기능을 확인할 수도 있다.

홈페이지 www.wechat.com/ko

한국 출국

우리나라에서 중국 30여 개 도시로 항공편이 연결된다. 대부분 인천 공항에서 출발하고, 김포, 부산, 제주, 청주 등에서 출발하는 항공편도 점점 늘고 있다. 칭다오는 인천과 부산 두 곳에 항공편이 있다. 본 책에서는 여행자들이 가장 많이 이용하고, 항공편이 많은 인천 공항을 중심으로 안내한다.

공항으로 이동하기

서울에서 인천 공항으로의 이동은 공항버스를 이용하거나 자가용을 이용할 수 있다. 공항 고속 전철이 개통되어 김포 공항이나 서울역에서 공항 고속 전철을 이용할 수도 있다. 김포 공항에서 인천 공항까지는 약 30분 정도 소요된다. 서울역을 기준으로 인천 공항까지는 공항버스로 약 1시간이 소요되지만, 서울 시내의 교통 사정을 감안하여 미리 서둘러야 한다. 공항버스 노선도 및 시간은 www.airportlimousine.co.kr에서 미리 확인할 수 있으며, 버스 노선별로 적용되는 할인 쿠폰도 다운받을 수 있다.

탑승권 발급

출발 2시간 전에 공항에 도착해 해당 항공 카운터에 가서 탑승권을 발급받는다. 인천 공항은 2018년 1월 18일부터 제2여객터미널이 신설되어 제1청사는 아시아나 항공과 제주 항공을 비롯한 저비용 항공사와 외항사(델타 항공, KLM, 에어프랑스 제외)가 이용하고, 제2청사는 대한 항공, 델타 항공, KLM, 에어프랑스 항공만 이용한다. 아시아나 항공의 경우 제1청사 L,M에서, 대한 항공의 경우 제2청사 3층에서 탑승권을 발급받을 수 있다.

보안 심사와 출국 심사

인천 공항 제1청사는 3층에 4개의 출국장이 있고, 제2청사는 3층에 2개의 출국장이 있다. 출국장은 어느 곳으로 들어가도 무방하며 출국할 여행객만 입장이 가능하다. 입장할 때 항공권과 여권, 그리고 기내 반입 수하물(10kg)을 확인한다. 또한 출국장에 들어가자마자 양옆으로 세관 신고를 하는 곳이 있는데, 사용하고 있는 고가의 물건을 외국에 들고 나가는 경우 미리 이곳에서 세관 신고를 해야 입국 시 고가 물건에 대한 불이익을 받지 않는다.

면세점 쇼핑

출국 심사는 항공권과 여권을 검사한다. 우리나라는 2006년 8월부터 출국 신고서가 폐지되었으므로 출국 심사관에게 제출할 서류는 따로 없다. 출국 심사를 통과하면 공항 면세점이 있는데, 입국할 때에는 공항 면세점을 이용할 수 없으므로 출국 전 이용한다. 시내 면세점에서 물건을 구입한 경우에는 면세점 인도장에서 물건을 찾을 수 있다. 면세 범위는 $600이며 초과 시에는 세금이 부과된다.

Tip 자동 출입국 심사 서비스

출입국할 때 항상 긴 줄을 서서 수속을 밟아야 하는 번거로움을 없애기 위해 자동 출입국 심사 서비스를 시행하고 있다. 심사관의 대면 심사를 대신하여 자동 출입국 심사대에서 여권과 지문을 스캔하고, 안면 인식한 후 출입국 심사를 마친다. 주민등록이 된 7세 이상의 대한민국 국민이면(14세 미만 아동은 법정대리인 동의 필요) 모두 가능하고, 18세 이상 국민은 사전 등록 절차 없이 이용할 수 있다. 때에 따라 자동 출입국 심사대가 붐비는 경우도 있으니, 상황에 맞게 이용한다.

비행기 탑승

출국편 항공 해당 게이트에서 출국 30분 전부터 탑승이 가능하므로 이 시간을 꼭 지킨다. 항공 탑승권에 보면 'Boarding Time' 밑에 시간이 적혀 있다. 이 시간이 탑승 시간이므로 늦지 않도록 주의하자.

칭다오 입국

입국 카드 작성

중국으로 가는 비행기 또는 비행기에서 내려 입국 심사를 받기 전에 입국 카드를 작성해야 한다. 입국 카드 작성 시 중국 내 주소는 호텔 주소와 연락처를 기입하면 되고, 비자 발행처는 한국 또는 서울로 기입한다. 편명은 탑승권에 있는 항공사의 영문 코드 2개와 숫자로 된 편명을 기입하면 된다. 입국 카드 및 출국 카드는 영문 또는 한문으로 작성한다.

출국카드 外国人出境卡 DEPARTURE CARD	语交边防检查官员查验 For immigration clearance		입국카드 外国人入境卡 ARRIVAL CARD		语交边防检查官员查验 For immigration clearance

姓 Family name
名 Given names
护照号码 Passport No.
出生日期 Date of birth　年Year　月Month　日Day　男 Male □　女 Female □
航班号/船名/车次 Fligt No./ship's name/Train No.
国籍 Nationality
以上申明属实准确。
I hereby declare that the statement given above is true and accurate.
签名 Signature
妥善保留此卡，如遗失将会时出境造成不便。
Retain this card in your possession, failure to do so may delay your departure from China.
请注意背面重要提示。 See the back →

姓 Family name ❶성　Given names ❷이름
国籍 Nationality ❸국적　护照号码 Passport No. ❹여권 번호
在华住址 Intended Address in China ❺중국 내 주소
出生日期 Date of birth ❼생년월일　年Year　月Month　日Day　❻성별 男 Male □ 女 Female □
签证号码 Visa No. ❽비자 번호
签证签发地 Place of Visa Issuance ❾비자 발행처
航班号/船名/车次 Fligt No./ship's name/Train No. ❿편명

❶방문·목적
入境事由（只能填写一项）Purpose of visit (one only)
会议/商务 Conference/Business □　访问 Visit □　观光/休闲 Sightseeing / in leisure □
探亲访友 Visiting friends or relatives □　就业 Employment □　学习 Study □
返回常住地 Return home □　定居 Settle down □　其他 others □

以上申明属实准确。
I hereby declare that the statement given above is true and accurate.
签名 Signature ❷서명

입국 심사

비행기가 착륙하면 휴대한 짐을 가지고 내린다. '入境(입국, Immigration)'이라고 적힌 파란색 표지판을 따라 입국 심사대로 간다.

입국 심사대에서 여권과 입국 신고서를 제출하면 별다른 질문 없이 여권에 입국 도장을 찍어 준다. 중국의 입국 심사관은 중국 인민해방군의 군복을 입고 있기 때문에 위압감이 느껴지기도 하는데, 최근 들어 입국 심사관을 평가하는 버튼이 생기면서 비교적 친절해졌고, 여행 목적으로 방문하는 경우 대부분 질문을 하는 일은 드물다. 여권을 받고 나가기 전에 평가 버튼을 누르는 것도 잊지 말자.

수화물 수취

입국 심사대를 통과하면 전광판에서 본인이 타고 온 항공편명을 확인한다. 항공편명 옆에 해당 컨베이어 벨트 번호가 적혀 있다. 해당 컨베이어 벨트로 이동해서 수화물을 찾으면 된다.

세관검사

짐을 찾은 후에는 세관 검사대를 통과한다. 특별히 신고할 물품이 없으면 녹색 라인을 통과한다. 이때 컨베이어 벨트에서 찾은 수화물과 한국에서 수화물을 붙였다는 영수증인 클레임 태그(Claim Tag)가 일치하는지 확인하는 공항도 있다.

입국장

세관을 지나면 입국장 문이 열린다. 필요한 경우에는 입국장 내에서 휴대전화 심카드를 구입하거나 환전을 하고, 아니면 곧장 공항버스나 택시를 타고 이동하면 된다.

심카드 판매처

입국장 안내

공항버스, 택시 탑승장 안내

한국으로 돌아오는 길

여행 일정을 마치고 다시 공항으로 돌아갈 때에는 입국할 때 시내로 나왔던 교통편을 거꾸로 이용하면 된다. 택시 기사와 미리 약속을 해서 만나는 것도 편리하다. 출국하기 2시간 전에는 공항에 도착해 출국 수속을 밟아야 한다.

세금 환급

칭다오 여행 중 세금 환급을 받을 만큼 쇼핑을 하는 경우는 드물지만, 세금 환급을 받아야 한다면 출국장 옆의 세금 환급 데스크를 이용한다.

탑승권 발급

공항 국제선 청사에 도착하면 해당 항공사에 가서 탑승권을 받는다. 일행이 있다면 같이 여권과 항공권을 제시하면 나란히 붙은 좌석을 받을 수 있다. 탑승권을 받은 후 보안 검사와 출국 심사 시간을 고려해 여유 있게 들어간다.

출국 카드 작성 및 출국 심사

출국장에 들어가면서 보안 세관 검사를 한다. 출국 심사를 받기 전 출국 카드를 작성하게 된다. 출국 카드는 입국 시 함께 받는데, 혹시 분실했다면 다시 작성할 수 있다. 입국 카드와 마찬가지로 영문과 한문으로 작성하면 되고, 신상 정보를 묻는 정도이기 때문에 어렵지 않게 작성할 수 있다.

출국 심사 후에도 입국 심사와 마찬가지로 심사관을 평가할 수 있으며, 출국 심사를 마치면 휴대품 검사를 한 후 면세 구역, 탑승구로 이동할 수 있다. 출국 심사를 마치고 나면 인천 공항에 도착하기 전까지 흡연실이 없으니, 흡연자라면 출국 심사를 하기 전에 흡연을 하는 것이 좋다.

면세 구역 및 라운지

칭다오 공항의 라운지는 규모가 크지 않은 편이지만 칭다오의 명물 칭다오 맥주를 마지막으로 즐길 수 있는 곳이다. PP 카드로도 이용할 수 있다. 면세 구역에서는 칭다오 맥주 등 수하물로 보내기 부담스러운 액체류를 구입하기도 좋다.

비행기 탑승

출국 심사를 마치면 면세점이 나온다. 면세점 쇼핑이 끝나면 탑승 게이트로 이동하는데, 출국 30분 전부터 탑승이 시작되므로 늦지 않도록 주의한다. 기내 서비스는 이륙 후 항공기가 정상 궤도에 진입하면 시작되고, 기내 면세점 판매도 이루어진다. 기내에서 세관 신고서를 미리 작성하면 좋다.

Tip 흡연자라면 라이터는 버리자

칭다오 공항 출국장에는 흡연실이 없고, 보안 검색 시 라이터가 통과되지 않는다. 1회용 라이터라면 버리면 되지만, 그렇지 않다면 위탁 수하물로도 보낼 수 없으니 칭다오 여행할 때는 현지에서 필요한 1회용 라이터를 가져가는 것이 좋다.

대한민국 세관 신고서

- 모든 입국자는 관세법에 따라 신고서를 작성·제출하여야 하며, 세관공무원이 지정하는 경우에는 휴대품 검사를 받아야 합니다.
- 가족여행인 경우에는 1명이 대표로 신고할 수 있습니다.
- 신고서 작성 전에 반드시 뒷면의 유의사항을 읽어보시기 바랍니다.

성 명				
생년월일		여권번호		
직 업		여행기간		일
여행목적	□ 여행 □ 사업 □ 친지방문 □ 공무 □ 기타			
항공편명		동반가족수		명

한국에 입국하기 전에 방문했던 국가 (총   개국)
1.   2.   3.

주소 (체류장소)	
전화번호 (휴대폰) ☎	( )

세 관 신 고 사 항

– 아래 질문의 해당 □에 "✓"표시 하시고, 신고할 물품은 '신고물품 기재란(뒷면 하단)'에 기재하여 주시기 바랍니다. –

	있음	없음
1. 해외(국내외 면세점 포함)에서 취득(구입, 기증, 선물 포함)한 면세범위 초과 물품 (뒷면 1 참조)	□	□
2. FTA 협정국가의 원산지 물품으로 특혜관세를 적용받고자 하는 물품	□	□
3. 미화로 환산하여 1만불을 초과하는 지급수단 (원화·달러화 등 법정통화, 자기앞수표, 여행자수표, 기타 유가증권) [총금액 : 약]	□	□
4. 총포류, 도검류, 마약류, 국헌·공안·풍속 저해물품 등 우리나라에 반입이 금지되거나 제한되는 물품(뒷면 2 참조)	□	□
5. 동물, 식물, 육가공품 등 검역대상물품 또는 가축전염병발생국 축산농가 방문 ※ 축산농가 방문자 검역검사본부에 신고	□	□
6. 판매용 물품, 회사용 물품(샘플 등), 다른 사람의 부탁으로 대리반입한 물품, 예치 또는 일시 수출입물품	□	□

본인은 이 신고서를 사실대로 성실하게 작성하였습니다.

년   월   일

신고인 :   (서명)

85mm×210mm (일반용지 120g/㎡)

입국 심사와 짐 찾기

인천 공항 도착 후에 입국 심사대로 이동한다. 입국 심사대에 줄을 설 때는 한국인과 외국인 줄이 따로 있는데 한국 국적을 가진 사람은 한국인 줄에 서서 대기하면 된다. 입국 심사를 받을 때는 여권만 제출하면 된다. 세관 신고서는 수하물을 찾은 후 입국장으로 나가기 전에 세관 심사관에게 제출한다.

입국 심사를 마친 후 아래층으로 내려오면 수하물 수취대가 여러 개가 있는데, 자신의 항공편명이 적힌 수취대로 가서 짐을 찾는다. 이때 수하물에 붙어 있는 일련번호를 체크해 자신의 짐이 맞는지 확인한다.

세관 검사

기내에서 작성한 세관 신고서를 제출하는데, 세관 신고를 해야 하는 사람은 자진 신고가 표시되어 있는 곳으로 간다. 만약 신고를 하지 않고서 면세 범위를 초과한 물건을 가지고 들어오다가 세관 심사관에게 발각되는 경우에는 추가 세금을 지불해야 한다. 국내 면세점에서 고가의 물건을 구입한 경우 면세 정보가 세관에 모두 통보되기 때문에 $600 이상의 면세품을 구매했다면 꼭 미리 신고를 하자. 세관 검사가 끝나면 입국장으로 나온다. 입국장은 총 4개로 나뉘어져 있는데, 이곳에서 만날 약속을 한 경우 출발 전에 미리 입국 편명을 알려 주면 상대방이 쉽게 입국장을 찾을 수 있다.

여행 중국어 회화

많이 쓰는 표현

- 안녕하세요.   你好。 니 하오.
- 감사합니다.   谢谢。 씨에시에.
- 천만에요.   不客气。 부커치.
- 미안합니다.   对不起。 뚜이부치.
- 괜찮아요.   没关系。 메이꾸안시.
- 안녕히 가세요.   再见。 짜이찌엔.
- 만나서 반가워요.   见到你很高兴。 찌엔따오 니 헌 까오싱.
- 저는 한국인입니다.   我是韩国人。 워 스 한궈런.
- 부탁합니다.   拜托你了。 빠이투어 닐러.
- 네.   是。 스.
- 아니오.   不是。 부스.
- 있어요.   有。 요우.
- 없어요.   没有。 메이요우.
- 좋아요.   好。 하오.
- 싫어요.   不好。 뿌 하오.
- 이것   这个 쩌거
- 저것, 그것   那个 나거

- 이건 뭐예요?   这是什么? 쩌 스 선머?
- 어디에 있나요?   在哪里呢? 짜이 나리 너?
- 몰라요.   我不知道。 워 뿌 쯔다오.
- 다시 한 번 말해 주세요.   请再说一遍。 칭 짜이 슈어 이비엔.
- 천천히 말해 주세요.   请说慢一点。 칭 슈어 만 이디엔.
- 저는 중국어를 못해요.   我不会讲汉语。 워 부훼이 쟝 한위.
- 영어로 말해 주세요.   请说英文。 칭 슈어 잉원.
- 써 주세요.   请写给我看。 칭 시에 게이워 칸.
- 도와주세요.   请帮忙。 칭 빵망.

숫자

0 零 링	8 八 빠
1 一 이	9 九 지우
2 二 얼, 两 량	10 十 스
3 三 싼	100 一百 이바이
4 四 쓰	200 二百 얼바이, 两百 량바이
5 五 우	1000 一千 이치엔
6 六 리우	2000 两千 량치엔
7 七 치	

돈

￥1	一元(块) 이 위엔(콰이)	￥100	一百元(块) 이바이 위엔(콰이)
￥5	五元(块) 우 위엔(콰이)	￥200	两百元(块) 량바이 위엔(콰이)
￥10	十元(块) 스 위엔(콰이)	￥500	五百元(块) 우바이 위엔(콰이)
￥20	二十元(块) 얼스 위엔(콰이)	￥1,000	一千元(块) 이치엔 위엔(콰이)
￥50	五十元(块) 우스 위엔(콰이)	￥2,000	两千元(块) 량치엔 위엔(콰이)

공항에서

- 방문 목적이 무엇입니까?

  来访目的是什么? 라이팡 무디 스 선머?

- 관광입니다.

  我是来观光的。 워 스 라이 꾸안광 더.

- 여행하러 왔습니다.

  我是来旅行的。 워 스 라이 뤼싱 더.

- 어느 정도 체류합니까?

  你要待多久呢?
  니 야오 따이 뚜어지우 너?

- 일주일입니다.

  一个星期。 이 거 싱치.

- 어디에서 머물 예정입니까?

  你要待在哪里呢?
  니 야오 따이짜이 나리 너?

- 프린스 호텔입니다.

  在王子大饭店。 짜이 왕즈 따판디엔.

- 짐은 어디에서 찾나요?

  我的行李在哪里?
  워 더 싱리 짜이 나리?

- 짐이 없어졌어요.

我的行李不见了。

워 더 싱리 부찌엔 러.

- 세관에 신고할 물건이 없습니까?

沒有要向海关申报的吗?

메이요우 야오 샹 하이관 션빠오 더 마?

- 가방 안에 무엇이 있습니까?

你的包里有什么?

니 더 빠오 리 요우 션머?

- 이것은 들고 들어갈 수 없습니다.

这个不能拿进去。

쩌거 부 넝 나찐취.

교통 / 길 묻기

- 기차역은 어떻게 가나요?

火车站怎么走? 훠처짠 쩐머 저우?

- 전철역은 어디에 있나요?

地铁站在哪儿? 띠티에짠 짜이 날?

- 이 주위에 까르푸가 있습니까?

这附近有没有家乐福?

쩌 푸진 요우메이요우 찌아러푸?

- 표는 어디서 삽니까?

在哪里买票? 짜이 나리 마이 피아오?

- 요금은 얼마입니까?

票多少钱? 피아오 뚜어샤오 치엔?

- 몇 시에 출발합니까?

几点出发? 지디엔 추파?

- 기차를 잘못 탔어요.

我搭错火车了。 워 따추어 훠어철러.

- 표를 잃어버렸어요.

我把票弄丢了。 워 바 피아오 농띠울러.

- 버스 승강장은 어디인가요?

公交车站在哪里?

꽁지아오처짠 짜이 나리?

- 관광 안내소는 어디인가요?

旅客中心在哪里? 뤼커쭝신 짜이 나리?

- 지도를 주세요.

请给我地图。 칭 게이 워 띠투.

터미널	长途汽车站 창투치처짠		버스정류장	公交车站 꽁지아오처짠	
마트	超市 차오스		병원	医院 이위엔	
약국	药房 야오팡		화장실	厕所 처수어, 洗手间 시쇼우젠	
공중전화	公用电话 꽁용띠엔화		은행	银行 인항	
파출소	派出所 파이추수어		경찰국	公安局 꽁안쥐	

숙소에서

- 예약하고 싶습니다.

  我想预定。 워 샹 위딩.

- 예약했습니다.

  预定了。 위딩러.

- 하룻밤에 얼마예요?

  一晚多少钱? 이 완 뚜어샤오 치엔?

- 아침 식사 포함이에요?

  含早餐吗? 한 자오찬 마?

- 방에 카드키를 두고 나왔어요.

  我把房卡放在房间了。
  워 바 팡카 팡짜이 팡지엔 러.

- 수도꼭지가 고장 났습니다.

  水龙头坏了。 쉐이롱토우 화일러.

- 815호실입니다.

  是815号房。 스 빠이우 하오 팡.

- 체크아웃은 몇 시까지입니까?

  几点前要退房? 지디엔 치엔 야오 퉤이팡?

- 인터넷을 할 수 있습니까?

  网络可以用吗? 왕루어 커이 용 마?

- 하루 더 머물고 싶습니다.

  我想多住一天。 워 샹 뚜어 쭈 이티엔.

- 짐을 맡아 주세요.

  请帮我保管行李。 칭 빵 워 바오관 싱리.

- 체크아웃하겠습니다.

  我要退房。 워 야오 퉤이팡.

- 계산이 틀렸어요.

  钱算错了。 치엔 쏸추어 러.

보증금	**押金** 야진		스탠다드룸	**标准间** 삐아오준지엔	
1인실	**单人间** 딴런지엔		에어컨	**空调** 콩티아오	
텔레비전	**电视** 띠엔스		변기	**马桶** 마통	
침대	**床** 촹		창문	**窗户** 촹후	

상점에서

- 얼마예요?   **多少钱?** 뚜어샤오 치엔?

- 너무 비싸요.   **太贵了** 타이 꿰이 러.

- 깎아 주세요.   **便宜一点** 피엔이 이디엔.

- 할인 가능합니까?   **有打折吗?** 요우 다저 마?

- 입어 봐도 되나요?   **我能试一下吗?** 워넝 스 이샤 마?

- 탈의실이 어디 있죠?   **请问试衣间在哪儿?** 칭원 스이지엔 짜이 날?

- 더 큰 사이즈 있어요?   **有大一点儿的吗?** 여우 따 이디얼 더 마?

- 좀 작은 사이즈 있어요?   **有小一点儿的吗?** 여우 샤오 이디얼 더 마?

- 이거 주세요.   **我要这个。** 워 야오 쩌거.

- 포장해 주세요.   **请帮我包起来。** 칭 빵 워 빠오치라이.

- 쇼핑백에 넣어 주세요.   **请帮我用袋子装起来。** 칭 빵 워 용 따이즈 쭈앙치라이.

- 영수증 주세요.   **请给我发票。** 칭 게이 워 파피아오

음식점에서

- 메뉴판 주세요.   **请给我菜单。** 칭 게이 워 차이딴.

- 밥부터 먼저 주세요.   **先上米饭吧。** 시엔 상 미판 바.

- 샹차이는 넣지 마세요.   **请不要放香菜。** 칭 부야오 팡 샹차이.

- (훠궈에) 육수를 더 넣어 주세요.   **请加点儿汤。** 칭 찌아 디얼 탕.

- 물 좀 주세요.   **请给我水。** 칭 게이 워 쉐이.

- 맛있어요.   **很好吃。** 헌 하오츠.

- 포장해 주세요.   **请打包。** 칭 다빠오.

- 계산해 주세요.   **买单。** 마이딴.

뜨거운 물	**开水** 카이쉐이	차가운 물	**冷水** 렁쉐이
맥주	**啤酒** 피지우	콜라	**可乐** 컬러
사이다	**汽水** 치쉐이	냅킨	**餐巾纸** 찬진즈
영수증	**发票** 파피아오		

찾아보기 INDEX

Sightseeing

Eating

Hotel